How to Look at a Bird

中国国家地理
CHINESE NATIONAL GEOGRAPHY

How to Look at a Bird

怎样观察一只鸟

享受观察和了解鸟类的乐趣。

[美] 克莱尔·沃克·莱斯利 著

张率 译

CTS K 湖南科学技术出版社·长沙

图书在版编目（CIP）数据

怎样观察一只鸟 /（美）克莱尔 · 沃克 · 莱斯利著；张率译. -- 长沙：湖南科学技术出版社，2025. 2.

ISBN 978-7-5710-3333-0

Ⅰ. Q959.7-49

中国国家版本馆 CIP 数据核字第 2024CV0965 号

How to Look at a Bird by Clare Walker Leslie

著作版权登记号：18-2024-271

ZENYANG GUANCHA YI ZHI NIAO

怎样观察一只鸟

著　　者：［美］克莱尔 · 沃克 · 莱斯利
译　　者：张　率
出 版 人：潘晓山
总 策 划：陈沂欢
策划编辑：宫　超
责任编辑：李文瑶　梁　蕾
特约编辑：林　凌
图片编辑：贾亦真
地图编辑：程　远　彭　聪
营销编辑：王思宇　魏慧捷
版权编辑：刘雅娟
责任美编：彭怡轩
装帧设计：李　川
制　　版：北京美光设计制版有限公司
特约印制：焦文献
出版发行：湖南科学技术出版社
社　　址：长沙市开福区泊富国际金融中心 40 楼
网　　址：http://www.hnstp.com
湖南科学技术出版社天猫旗舰店网址：
http://hnkjcbs.tmall.com
邮购联系：本社直销科 0731-84375808
印　　刷：北京华联印刷有限公司
版　　次：2025 年 2 月第 1 版
印　　次：2025 年 2 月第 1 次印刷
开　　本：710mm × 1000mm　1/16
印　　张：9　　　字　　数：86 千字
书　　号：ISBN 978-7-5710-3333-0
审 图 号：GS 京（2024）2085 号
定　　价：68.00 元

嘲鸫

我一直想写一本关于鸟类的书。

为什么呢？因为鸟类就在我们的身边，只要抬头，总能发现它们。我永远被它们自由又独立的“灵魂”感染。

这本书献给所有的鸟儿，感谢它们给我们带来喜悦，抚慰我们的内心，满足我们的好奇以及激发我们的灵感。

我们为什么会被鸟类吸引？

鸟类分布于世界各地。在任何一个洲、任何一种栖息地都能找到鸟类的身影——无论是最荒凉的不毛之地，还是人类家里的前庭后院。无论你在哪里，可爱的鸟儿随时都可能出现在窗外或是你生活中的某个场景里。在美国马萨诸塞州的剑桥市区，我们在小公寓的二楼走廊阳台上挂了一个便宜的喂食器，就是好奇地想看看谁会出现。

仅仅在 11 月和 12 月，我们就观察到 14 种鸟类（还有当地的一种灰松鼠）：家麻雀、哀鸽、主红雀、原鸽、旅鸫、山雀、美洲凤头山雀、绒啄木鸟，甚至还有几只在附近游荡的火鸡……它们憨态可掬的动作和有趣的习性让我们的整个冬天都充满欢乐。

鸟类可以带你放飞自我

面对人世间的纷扰烦忧，鸟类似乎为我们提供了一个喘息的机会，打开了一扇窗户，让我们得以暂时进入一个忘我的境界。鸟儿有翅膀，很自由，想飞就飞。它们有自己的行为模式和交流方式。它们看起来很神秘，我们可以在任何季节、任何天气，在不同的地区和环境里观察到它们，但它们也许不过几秒就会从视野中消失。

鸽子、椋鸟、旅鸫、红尾鵟、啄木鸟、麻雀、鸭和雁、燕鸥和鸥，还有猫头鹰和燕子……它们就生活在你的身边，不管你是否看到或听到它们。当我知道有那么多长着羽毛的朋友和我一样需要树木、洁净的空气、水、阳光、食物和住所时，我感到非常欣慰。我并不孤单——根据美国奥杜邦协会（National Audubon Society）的估计，仅美国就有大约 4670 万观鸟者。

它们是“桥梁”

我跟不同的人聊过很多精彩的话题：在卖肉的柜台前，在加油站，在路边，和朋友一起散步时，甚至通过电子邮件和电话……我们一起谈论所看到的鸟类。我们高谈阔论，脸上带着放松的微笑。当我们讲述最近的新鲜有趣、惊喜刺激的观鸟故事时，一天的烦恼都消失了。

选自我的观鸟日记

2021 年 12 月 5 日，在马萨诸塞州的达克斯伯里海滩，我带着钢笔和水彩笔加入了一群观鸟迷，他们在拍两只雪鸮停歇时的影像。

我的观鸟之旅

我是怎么做到了解这么多鸟类的？多年来，我翻阅了大量野鸟图鉴和观鸟指南，经常向别人请教，而且只要有机会就会去观鸟……你也可以做到这些。你可以从留意身边的鸟类开始，随时随地。我一直在画鸟，这是我学习和记忆鸟类特征的方式之一。我经常会画一些速写草图来记录某个瞬间的某只鸟，这可以作为观鸟备忘录，或者提醒自己稍后在图鉴上查一下刚刚看到的究竟是哪种鸟。如果你愿意，你也可以这么做。

假如你手边没有观鸟指南，也没有人能告诉你绿头鸭和林鸳鸯的区别，你要怎么开始观鸟呢？我曾经就是这样。后来，我的姐姐给了我一本由阿瑟·辛格绘制插图的《北美鸟类图鉴》（*Birds of North America*，戈尔登出版社，1966 年），我一时竟不知是应该先把图鉴上的图都记下来，还是先去外面观鸟。

我的很多朋友都认识各种鸟类。我刚开始跟他们一起出去玩的时候，会问许多“愚蠢”的问题。（不过我很快就明白没有哪个问题是愚蠢的，观鸟者总是渴望能回答任何问题，大概是因为观鸟活动能激发人们最好的一面。）慢慢地，我能够辨认出乌鸦、主红雀、冠蓝鸦，以及不同的涉禽和游禽。

*松雀在我们的苹果树上吃苹果
（树上还有不少果实和叶子）。
松雀，约18厘米，
第一次听见它们的鸣叫：
甜美且高昂。
2007年11月24日下午3点左右，
太阳低垂在西南方的天空。
*第二天白天看到6只松雀，傍晚
看到5只黄昏锡嘴雀。

我以前用的是父母的旧望远镜。后来，朋友送了我一部相当不错的望远镜，从此观鸟之门向我敞开。我完全着迷了！我参加了鸟类学课程，并寻找当地的观鸟点。我结交了一些朋友，他们喜欢徒步穿过沙丘和森林，静静地观察鸟类。

甚至连我的画作也从抽象的形状和简单的色块变成具体的鸟类形象。我学了画、画了又学，随着好奇心的增长，我的“鸟种清单”也变得越来越长。

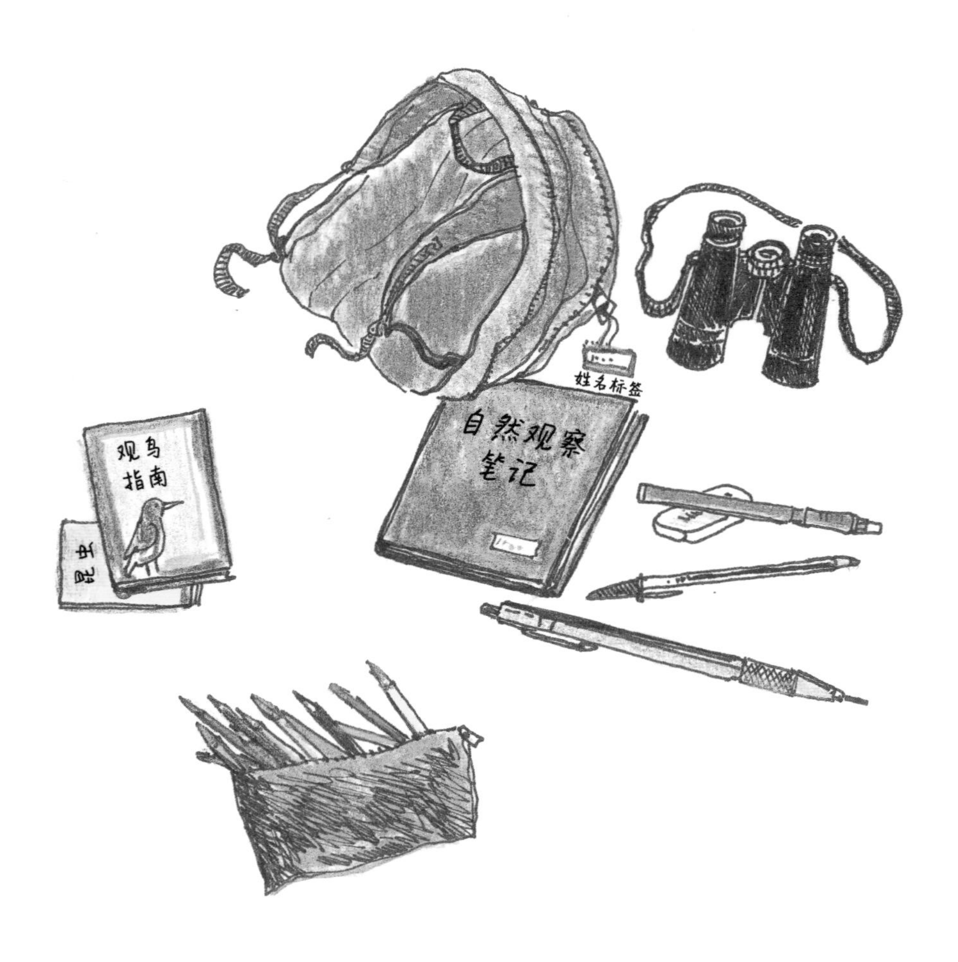

你不需要雄厚的专业背景，不需要昂贵的设备，甚至不需要花费大量的时间来维持观鸟的爱好——在我看来，有好奇心就足够了。

即使是在繁华的闹市，你也经常能看到鸟儿的身影。

一本
不一样的观鸟指南

优秀的鸟类图鉴和观鸟指南类的书籍没有上百本也有几十本。我之所以要写这本书，是希望它能成为你观鸟路上的好伙伴。它会向你介绍各种常见的野生鸟类，其中有许多种可能就分布在你生活的地区。随着好奇心和鸟类知识的不断增长，你还可以找到更多资源去开启或远或近的观鸟大冒险。

现在网络上有着越来越多的资源，有时候只需要点击几下鼠标，你就能找到所需要的内容。世界上几乎每个地区都有自然观察指南，涉及每种栖息地和物种。各个国家也都有关于鸟类的行为、迁徙、鸣声，以及栖息地、种群现状、物种灭绝等方面的研究。这些你都可以参与。业余观鸟爱好者的观察记录，也能成为全球鸟类学家的重要研究资源。

在编写本书的过程中，我不得不删减了一部分内容。但这是一本我在 20 世纪 70 年代初刚开始爱上鸟类时就期待拥有的观鸟伴侣！希望它能帮你发现观鸟的乐趣和美好，让你融入自然，了解我们与鸟类共享的这个奇妙的世界。

买部好点的望远镜

我们确实不需要特别昂贵和专业的设备来观鸟，但如果你有一部优质的双筒望远镜，观鸟会变得更加轻松有趣。有些人喜欢用长焦镜头或单筒望远镜来观鸟。无论使用什么工具，能够更近、更清晰地观察鸟类，都能大大提高观察鸟类羽色和斑纹、观察它们的行为以及辨识鸟种的能力。

如果你要挑选双筒望远镜，可以考虑“7 × 35”或“8 × 40”的。第一个数字表示放大倍率，第二个数字表示物镜的直径，表明有多少光会进入你的眼睛。你也可以买一部放大倍率更高的望远镜，但它会很重，不方便携带，而且当你需要移动望远镜去观察一只运动中的鸟儿时，你的任何动作都会使视野跟着晃动。更高的放大倍率会缩小你的视野，在弱光条件下成像效果也不够好。

选择有对焦旋钮的望远镜型号，这样你就可以根据需要快速调整焦距。你应该会想要一部手感好又不太重的望远镜，那我建议你亲自到摄影器材商店或户外用品供应商那里购买，那样就可以亲自试用并咨询专业人士的意见。

选自我的观鸟日记

2008 年 5 月。在剑桥繁忙的休伦大道上有一排北美乔松。众目睽睽之下，一只美洲雕鸮幼鸟在一根安全的树枝上来回踱步，其警觉的父母就在旁边！许多人都被这一幕吸引了，他们驻足观望——无论是否带着望远镜。

* ♀代表雌性，♂代表雄性。

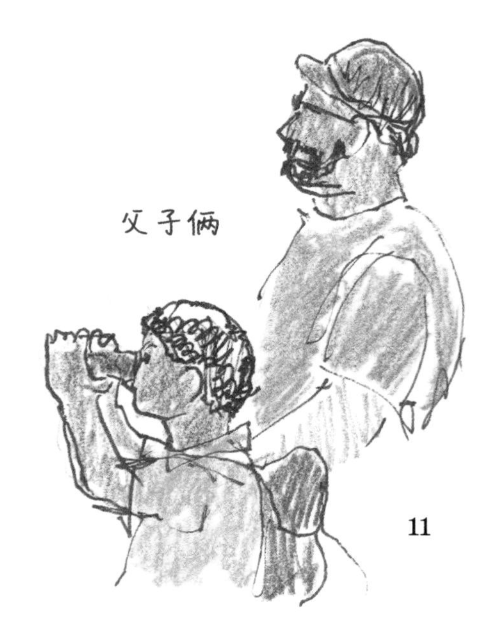

白喉带鹀
约15 厘米
歌带鹀
约14 厘米
黑顶山雀
约11 厘米
灰胸长尾霸鹟
约13 厘米
黄腰白喉林莺
橙胸林莺
♂繁殖羽
北美金翅雀
夏羽换羽中
白颊林莺
♂繁殖羽
纹胸林莺
栗颊林莺
♂繁殖羽

用眼睛去看

观鸟最重要的是要有好奇心。开始时，你不需要识别出每种鸟，更不需要辨识其中任何个体，但要有耐心。所有资深观鸟者最初都跟你一样，会问同样的问题：那只鸟在做什么？我在哪里看到过这只鸟？某种鸟什么时候会出现，为什么？

在繁忙的生活中，观鸟可以为我们注入满满的元气。停下来，用眼睛去追逐天空飞过的雁群，或用耳朵倾听一群麻雀叽叽喳喳的叫声，你会忍不住惊呼。那一刻，你与周围的世界紧紧联系在一起。

在繁忙的公路边觅食的加拿大黑雁。

看看四周

无论身在何处，你都可以从留意身边的鸟儿开始。当你遛狗的时候，或是等红灯的时候，抑或是盯着窗外发呆的时候……

一旦开始观察，你就会发现鸟儿不只是飞过头顶，还栖息在树木、篱笆或电线上。无论在乡村、城市还是荒野，你都能看到鸟儿的身影。它们生活在湿地、森林、田野和城市中。

不过，鸟儿很少摆出我们在观鸟指南或鸟类图鉴里看到的姿势。它们经常是快速移动着的，刚一看见，它们就飞走了。但是没关系，只要知道它们在附近，就很有意思。

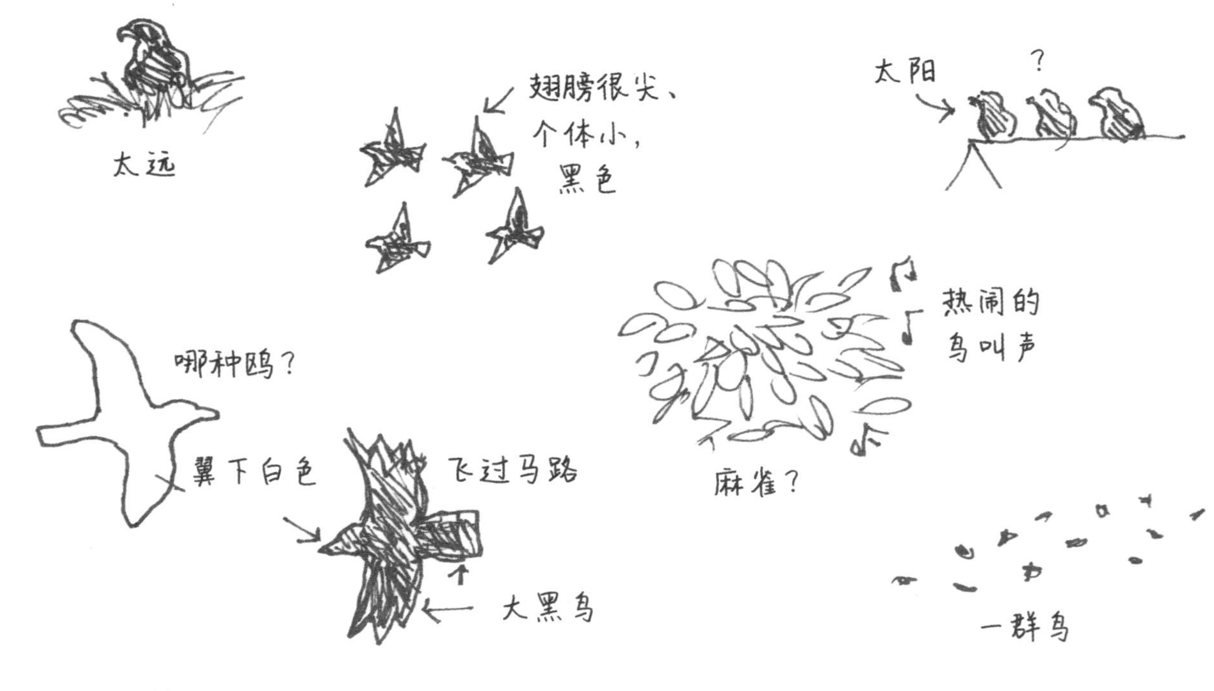

选一个你最喜欢的观鸟点，坐着、听着、看着。我最喜欢的观鸟点是马萨诸塞州剑桥市的奥本山公墓，它坐落在面积约0.7平方千米的植物园里。

从区分大小开始

一旦你养成观察周围鸟类的习惯，就要开始注意它们的不同之处。我先是观察鸟类的大小和形态，然后是羽色和花纹，之后才开始注意在哪里看到过它们以及它们在做什么。

先认识一些常见的鸟类，这样在识别不熟悉的鸟类时，它们可以作为判断体型的对照。观鸟的应用程序也总是需要鸟类体型的大致数据。

很多鸟儿都喜欢停栖在电线上，想要辨认它们，可以从其尾羽的长度及其形状、头部的轮廓、喙的大小及其形状等寻找线索。

鸭　鸬鹚　鸥　雁　天鹅

在水面上的游禽也会有不同的体型和形态。

那只鸟有多大?

当一只鸟站在很高的树上或飞在高空中时，我们可能很难看出它实际有多大。但我们可以掌握其体型的大致范围，因为野外观鸟指南会告诉你不同鸟类的翼展数据。

红尾鵟

这种鸟通常是大多数人学会识别的第一种猛禽。红尾鵟在北美洲广泛分布，越靠近居民区的地方，其数量似乎越多。人们很容易看到它们在开阔的田野上翱翔，或停栖在高大的树木或电线杆上，搜寻着田鼠、兔子、青蛙、蛇或其他小动物。由于猎物多种多样，所以它们全年都能很好地适应多种不同的栖息地。凭借非凡的视力，它们能在约 30 米的空中发现地上的一只老鼠。

红尾鵟的关键识别点是其宽阔的翅膀和有带状横斑（亚成）或铁锈红色（成年）的尾羽。它们尾羽上红色区域的面积和位置以及横斑会随着年龄而变化。

求偶时，红尾鵟会在高空盘旋。有时候，它们会互相紧握对方的爪，一起旋转着飞向地面。这是一种非常夸张的求偶炫耀方式。

在很多电影作品里，当天空中出现白头海雕的形象时，我们常能听到非常有气势的鹰啸声，但那其实是用红尾鵟的叫声做的配音。

看形态

当一只鸟突然从头顶上飞过时，你通常不可能看清所有细节。但一旦你开始注意它们轮廓上的差异，就可以开始识别哪些是能经常见到的鸟类，哪些是不太常见的。

注意观察鸟的尾羽和脖子的长度、翅膀的轮廓、头和喙的形状。如果它们的速度特别快，那你只要试着记住其关键的一种特征，以及自己当时的位置。

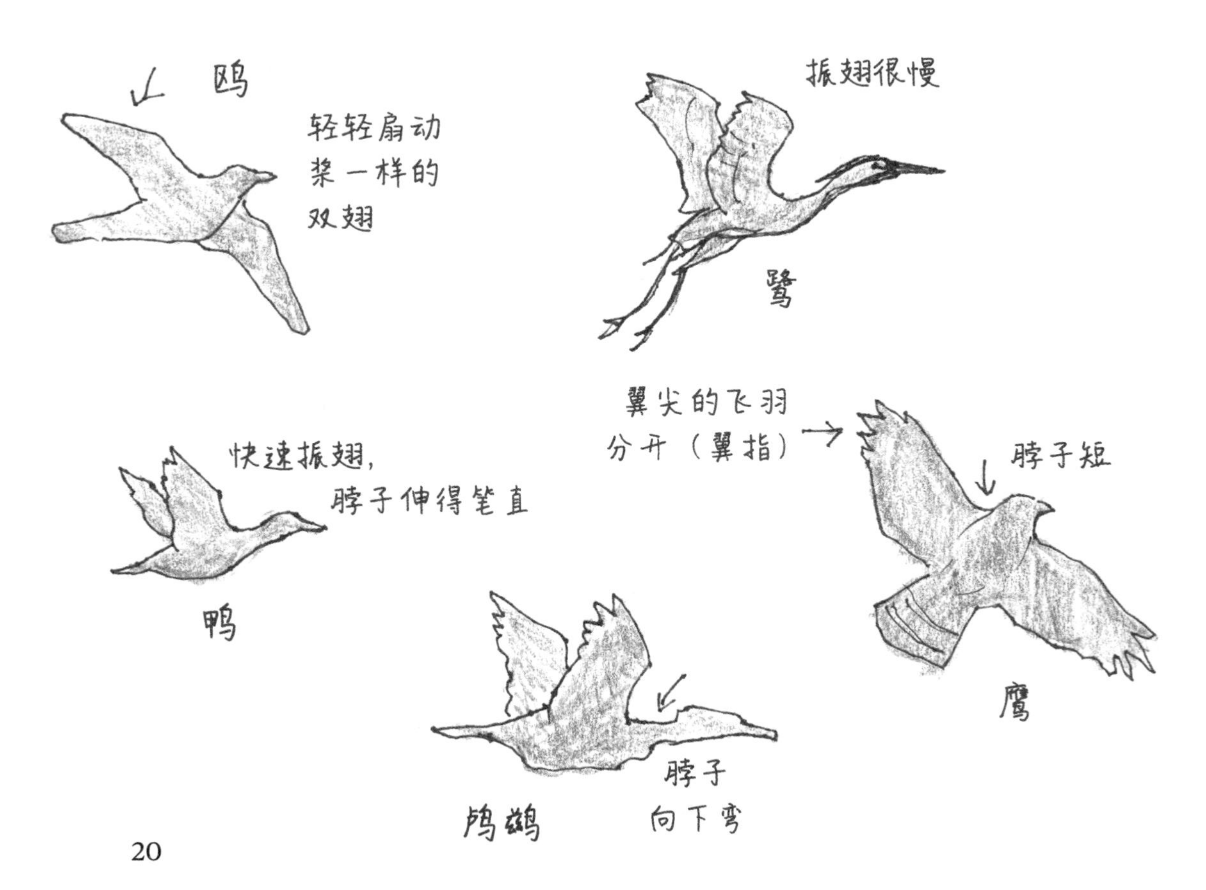

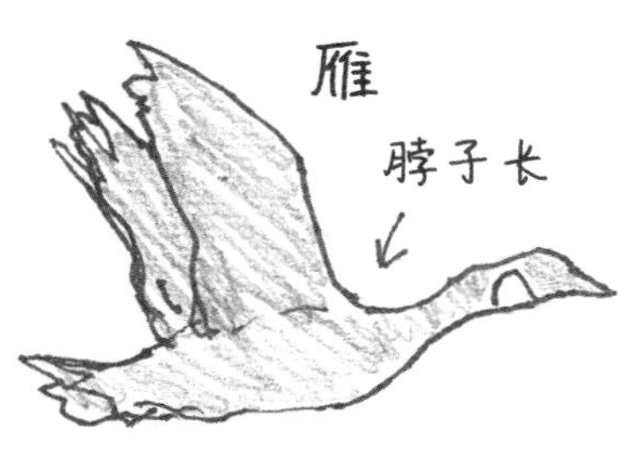
雁
脖子长
振翅很慢的大鸟

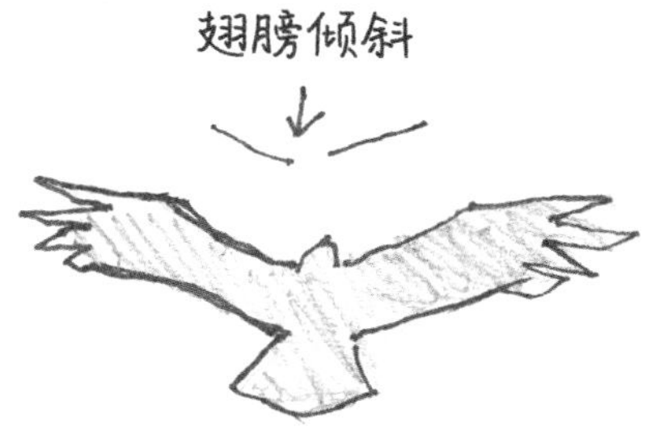
翅膀倾斜
红头美洲鹫
觅食时振翅幅度很小

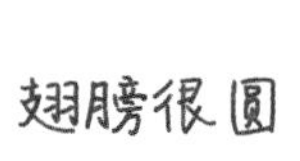
翅膀很圆

冠蓝鸦
醒目的蓝色

起飞时会发出很响的振翅声
鸽子
灰色
振翅很快

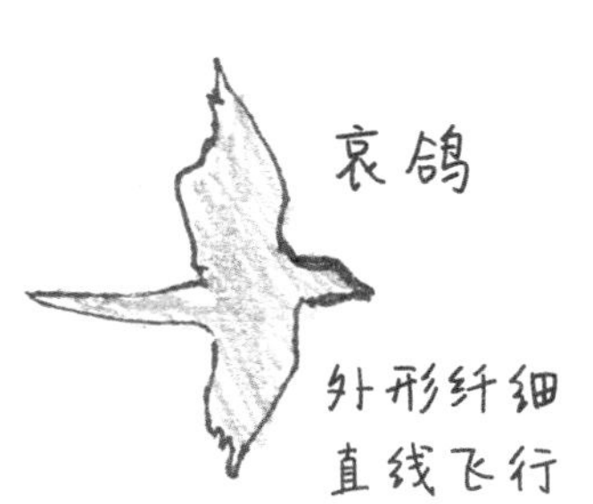
哀鸽
外形纤细
直线飞行

椋鸟
振翅快速
体型小
身体紧凑
深色

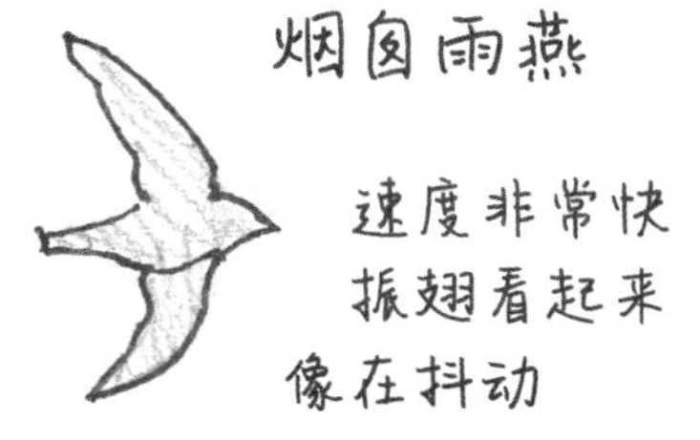
烟囱雨燕
速度非常快
振翅看起来
像在抖动

旅鸫
飞得很低
振翅很快

山雀

山雀群居、充满好奇心，总是吵吵闹闹的，是许多人都很喜欢的鸟类，而且往往是第一种被认出来的鸟儿。根据大家所处的地域不同，你可能常看到一种或多种不同的山雀。

黑顶山雀每天可以储存1000颗种子，为越冬做准备。因其海马体（大脑负责记忆的部分）在秋天时会变大，所以它们能记住所有储粮的位置。到了春天食物充足时，它们的海马体又会缩小。

黑顶山雀：从美国北部到阿拉斯加州，以及加拿大都有分布。双胁和腹侧黄褐色，翅膀带有白斑。这是美国最常见的野鸟。

卡罗山雀：分布于美国东南部。翅膀上没有白色。这是美国最小的山雀。

北美白眉山雀：分布于美国西南部到加拿大西部。体侧灰色，具白眉纹。

栗背山雀：分布于美国西海岸和西北部太平洋沿岸的沿海森林。背和侧翼呈栗色。

北山雀：分布于加拿大和美国阿拉斯加州。体羽多呈棕色和铁锈色，是美国最大的山雀。

让我们想一想鸟类的栖息地。鸽子喜欢谷仓和城市，主红雀喜欢在树上蹦蹦跳跳，鸭子喜欢在水中游弋。图中所示的刺歌雀更喜欢在有高草的地方筑巢。它们在南美洲过冬，迁徙之路单程就有 9600 多千米。

观察飞行姿态

开始时，你可能会认为所有鸟儿都不过是拍打翅膀飞起来而已。但其实不同的鸟类飞行姿态都不尽相同，即使是同一种鸟，不同个体在进行起飞、着陆、捕食、保卫领地、求偶等不同行为时，其飞行姿态也有差异。飞行姿态可以帮助你识别鸟种。

鸽子经常成群聚集在屋顶上。你可以找个地方坐下，看它们飞起来、绕圈，然后降落。注意看它们翅膀开合时形状的变化。

鸥类在寻找食物的时候会张开翅膀滑翔。当找到丰富的食物时，它们会呼朋引伴地在空中盘旋，兴奋地鸣叫，然后突然冲下来并抓走一条鱼（或趁你不备，抢走你的三明治）。

选自我的观鸟日记

在街上等红灯的时候，我会一直看着地铁站大楼上的那群鸽子。虽然这样的画面很常见，但它们仍然是野生鸟类，俯视着人潮和车辆的喧嚣。这次当我抬头看的时候，又是什么将它们惊飞了呢？

我看向停车场边的大树，发现了游隼的身影，它正高高地站在树枝上！回家后，我翻阅了野外观鸟指南，重新描绘了我的速写。

过去，由于杀虫剂的广泛使用，游隼的野外种群数量曾大幅减少。在人们的不懈努力下，它们已在农村及城市建立了新的种群。这是一个成功的野生动物保护案例。

高高地翱翔

鹫、美洲鹫、渡鸦以及其他一些鸟类会一直展开翅膀在空中翱翔。它们可以利用上升的热气流，无须拍打翅膀就可以飞行数千米。

拍打，拍打，滑翔

大多数啄木鸟不会一直振翅飞行，而是拍打几次翅膀后收拢翅膀滑翔一段时间，然后继续拍打几次翅膀，再滑翔一段……

抬头看！

无论你身在何方，都可以养成经常抬头看的习惯。根据所在的地域不同，你头顶高空中飞翔着的大鸟可能是红头美洲鹫、大型的鸶或鹗，甚至是白头海雕。鸟类也经常栖息在城市建筑物的顶部。

美洲隼是北美地区体型最小的隼形目猛禽，它们分布广泛，但数量正在减少。

成群的鸟儿共同起飞、飞行和降落。我发现椋鸟、鸽子、雁和许多其他鸟类在集大群飞行时几乎从来没有撞到过同伴，这真是令人着迷。谁是它们的领导呢？

一些关于鸟类的惊人事实

- 鸟类是现生的恐龙。始祖鸟是一种长有羽毛的恐龙，可以追溯到 1.5 亿年前，它们是恒温动物，可以短距离飞行。今天，与鸟类亲缘关系最近的动物是鳄鱼。

始祖鸟

- 世界上大约有 11 000 种鸟类，分布于各大洲。可悲的是，世界上 11% 的鸟类濒临灭绝。
- 游隼被认为是地球上飞行速度最快的鸟类之一，它们能以大约每小时 300 千米的速度冲向猎物。

走鹃

形容鸟群的词语有很多：“一群嘎嘎叫的雁”“一群臭脾气的乌鸦”“一群智慧的猫头鹰”“一群叫声曼妙的雀”“一群华丽丽的红鹳”等。

- 体型越小的鸟，心跳越快。蜂鸟的静息心率每分钟超过 600 次，而成年人的静息心率每分钟不到 100 次。
- 许多飞禽的骨骼是空心的，这可以使它们的总重量更轻，更利于飞行。而有些鸟——比如鸵鸟，由于体型太大，无法飞行。

吸蜜蜂鸟

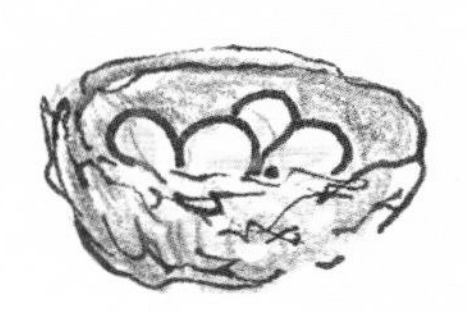

卵很小

非洲的鸵鸟

宽约13厘米，是普通鸡蛋的20倍

北美黑啄木鸟

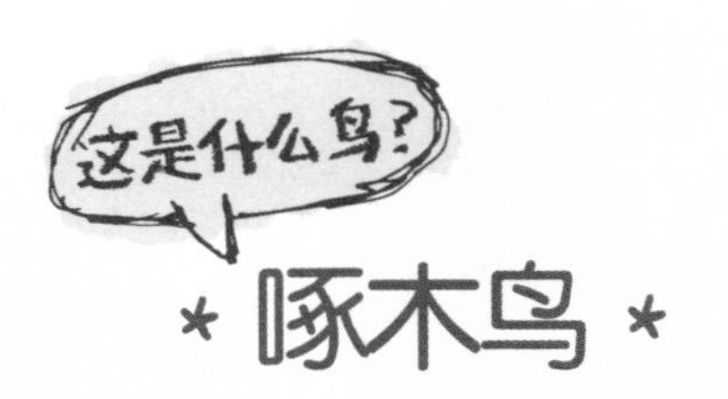

啄木鸟

我们通常很容易就能辨认出啄木鸟，但要区分其究竟是哪一种啄木鸟，可能有点困难。北美黑啄木鸟是个例外——它们体型很大（和乌鸦一样大），具有醒目的红色冠羽，让人一眼就能认出来。你可能会听到它们敲打枯树寻找蚂蚁的声音，或者看到它们在倒下的原木附近觅食的身影。

红头啄木鸟

约 19 厘米

在美国东部的林地中，北美黑啄木鸟的种群数量有所增长。它们也分布在加拿大和美国西北部太平洋沿岸。

头部红色，而非腹部

约 23 厘米

红腹啄木鸟

红头啄木鸟的体型比北美黑啄木鸟小，也很容易识别，因其整个头部都是鲜红色的，体羽为鲜明的黑白色。跟红头啄木鸟差不多大小的红腹啄木鸟，背部有美丽的黑白相间的条纹，雄鸟的前额到颈部（雌鸟只有颈部）都是明亮的橙红色。但令人困惑的是，虽然叫“红腹”，但它们的腹部却不是红色的。

（经常能听到动静，但不怎么能看到它）

人们常用“小绒绒”和“大毛毛”来区分这两种啄木鸟。虽然都是小个子，但长嘴啄木鸟的体型比绒啄木鸟略大些，而且喙更长、更尖。

绒啄木鸟和长嘴啄木鸟长得实在太相似了，即使是经验丰富的观鸟爱好者也时常会分不清。它们遍布北美地区，是各种喂食器的常客。它们翅膀的羽毛都具有方形的条纹，脸颊上的羽毛都是黑白相间的，雄鸟的后脑勺上也都有一小块红色的斑点。

黄腹吸汁啄木鸟有漂亮的红色冠纹，雄鸟的喉部为红色。它们会在树干上打洞，以树的汁液和昆虫为食。

看羽色和花纹

鸟类羽毛的颜色和花纹是我们识别它们的关键。有些鸟的特征独特且鲜明，比如冠蓝鸦、主红雀和北美金翅雀，人们可以一眼就认出它们来。

有些同科的鸟类长得非常相似。即使是经验丰富的观鸟者，有时也很难立刻将它们分辨出来，只能暂时称呼它们“小棕鸟”。不过，一旦你注意到可以用来区分它们的关键特征，就可以很快地确定具体鸟种。

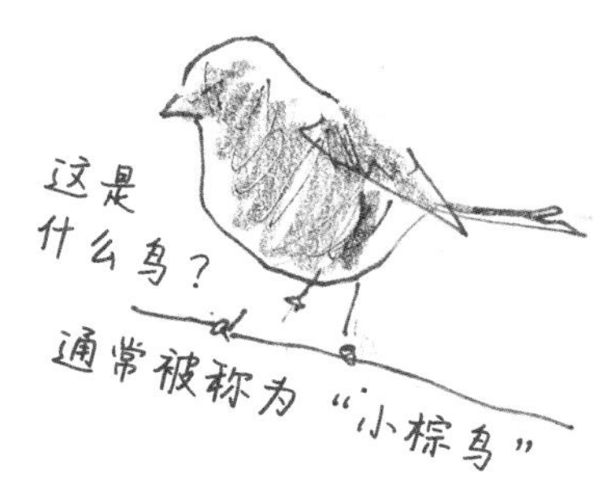

幼鸟和亚成鸟的羽色花纹往往与亲鸟（父母）不太一样。如果不是刚好看到它们与亲鸟在一起，你可能很难确定自己看到的究竟是哪种鸟。

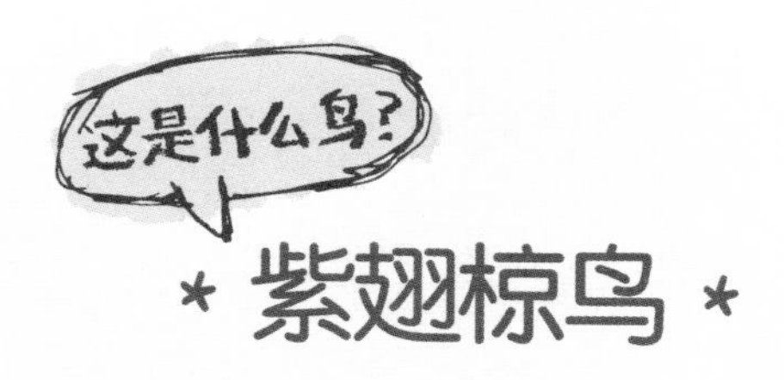

紫翅椋鸟

紫翅椋鸟于 1890 年被引入纽约市，据说是为了把莎士比亚提到过的鸟儿引入中央公园。

春天时，紫翅椋鸟的繁殖羽如同点缀了璀璨繁星，并带有五彩斑斓的金属光泽。到了冬天，其体羽会变成暗沉的具有白色斑点的冬羽。有趣的是，其喙的颜色也会随着季节变化，从夏天的金黄色变成冬天的暗色——可能是因为它们在秋冬季节吃了更硬的种子，分泌的黑色素变多，喙也变得更强壮了。幼鸟在第一次换羽前是深棕色的。

雌鸟和雄鸟可能长得很不一样

许多鸟类的雌鸟与雄鸟在羽色、花纹甚至外形方面差异巨大，比如东蓝鸲、北美金翅雀、紫朱雀、红翅黑鹂和大多数鸭类。这种现象被称为“雌雄二型”，造成这种差异的原因很复杂。许多雄鸟拥有明艳的体羽，这可以帮助它们吸引配偶并保卫自己的领地，而雌鸟暗淡的羽色和花纹则使其更容易隐藏于环境中，尤其是在孵卵期间。

红翅黑鹂

家麻雀

♀
♂
红喉北蜂鸟
♂
♀
美洲隼
♀
鹊鸭
♂

雌鸟和雄鸟有时候可能长得很像

也有很多鸟类的雌鸟和雄鸟长得很像，几乎无法从外形区分它们。比如美洲凤头山雀、红胸鸸、白胸鸸以及多种鸻鹬类。

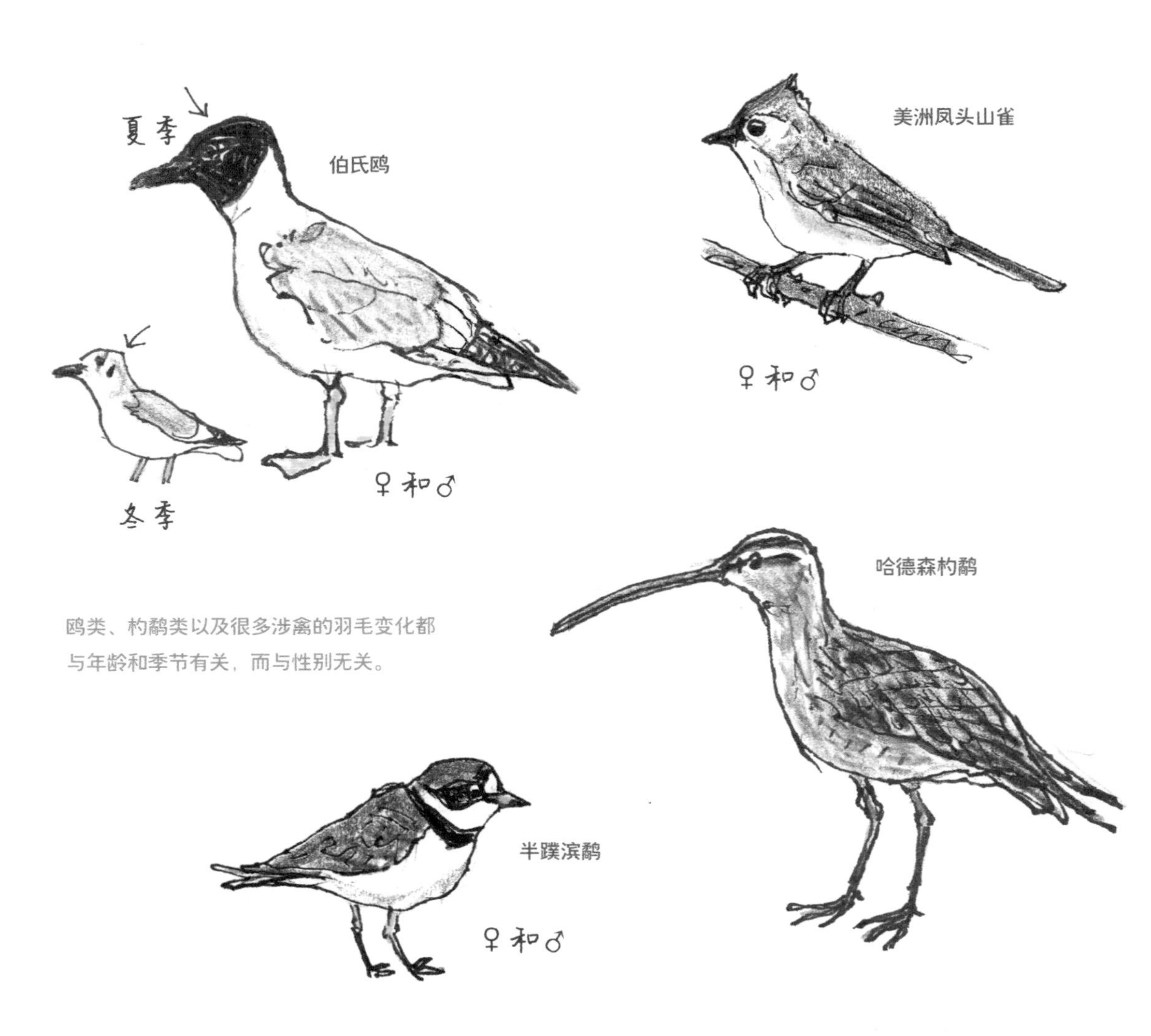

鸥类、杓鹬类以及很多涉禽的羽毛变化都与年龄和季节有关，而与性别无关。

细微的体型差异

猛禽的雌鸟和雄鸟大多有着相近的羽色和花纹，但不同寻常的是，大多数猛禽的雌鸟比雄鸟略大。不过除非它们站在一起，否则这种差异很难看出来。雌性火鸡比雄性火鸡略小，雄性火鸡在求偶炫耀时会展开尾羽，让人一眼就能认出其性别。

一些关于鸟类识别特征的知识

当你开始辨识鸟类时，会发现许多鸟类可以通过其身上某个部位的特殊标志进行识别，这些标志性特征可能是鸟类身上某处独特的斑点或条纹、某个部位特殊的颜色等。这些分区知识还有助于我们了解鸟类的生理结构。

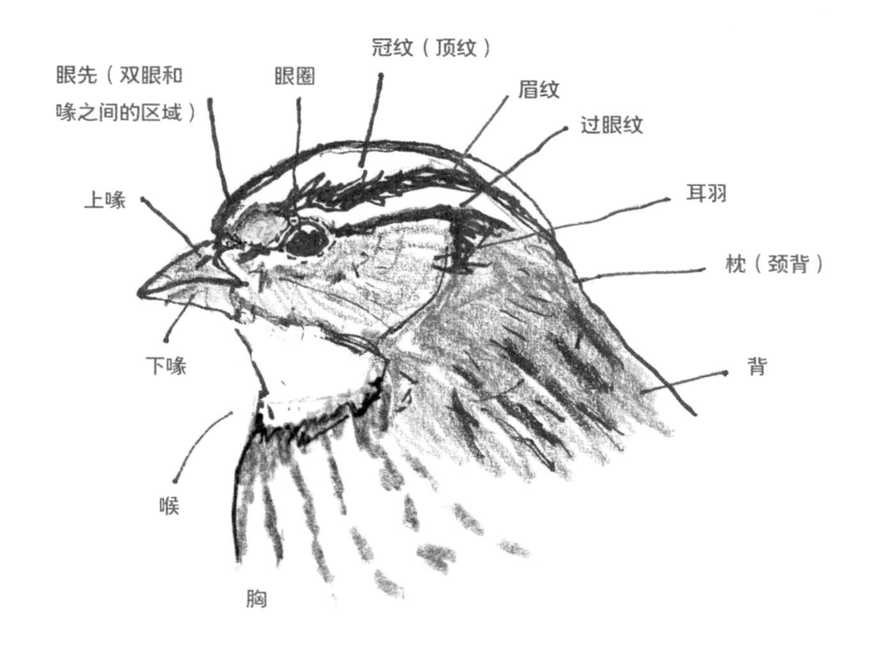

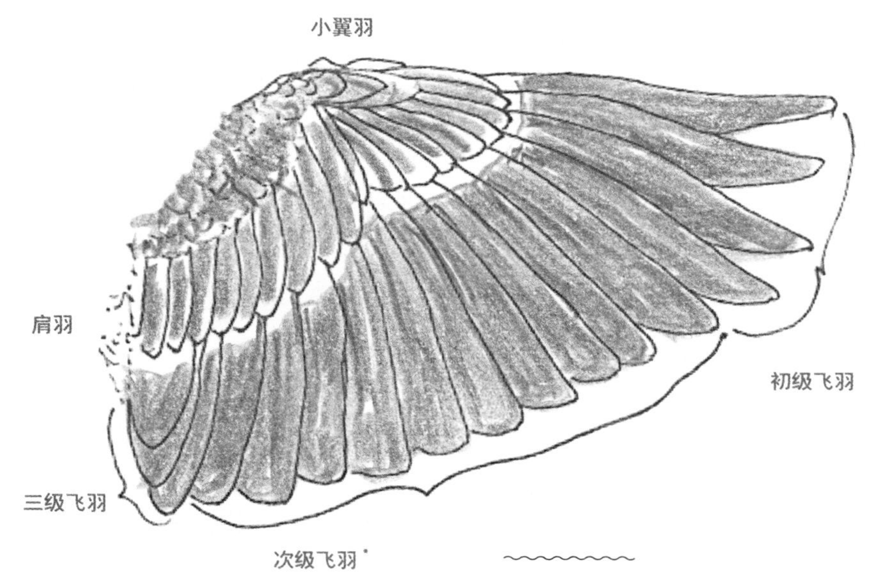

* 根据鸟的种类不同，初级飞羽和次级飞羽的数量有所不同。初级飞羽通常为 9 ~ 12 枚，次级飞羽通常为 10 ~ 20 枚。

注意找出差异

如果某一科的鸟类引起了你的兴趣，那么辨识它们会变得非常有趣。比如，雀形目莺科鸟类往往有着非常相似的轮廓，但它们的羽色和花纹有着惊人的差异。

人们在北美地区发现了 51 种莺科鸟类，它们的迁徙模式和栖息地偏好都各不相同，所以我们在一年的不同时间和不同地点可以看到不同的莺。你可以看看观鸟地图，了解哪些莺会在什么时间出现在你所在的区域。

黄喉虫森莺
（♂）
草原绿林莺
（♂）
蓝翅虫森莺
（雌雄鸟相似）
美洲黄林莺
（♂）
黑喉绿林莺
（♂）
棕榈林莺
（雌雄鸟相似）
黑喉蓝林莺
（♂）
橙尾鸲莺
（♂）
黄腰白喉林莺
（♂）
纹胸林莺
（♂）

注意观察喙

当观察离你更近的鸟类时，比如坐在公园里或在喂食器旁观察它们，你可以更清楚地观察到一些细节。比如，它们有不同形状的喙，用来吃不同的食物、筑不同的巢。

鸭类

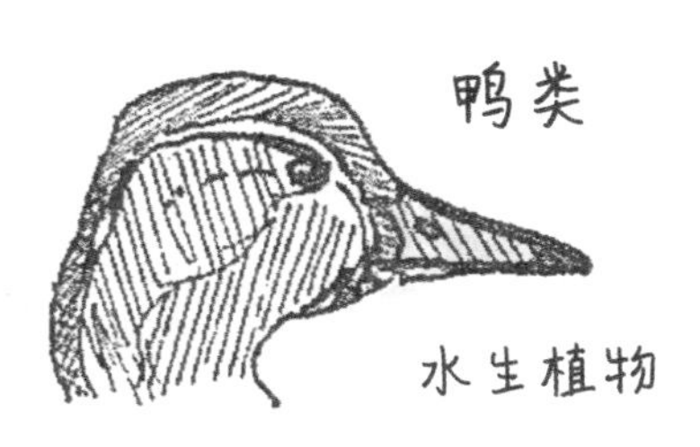

水生植物

鸭类及其他一些游禽的喙末端圆润，可以叼住水下的一些植物

鸣禽

喙小

很多鸣禽会用其小而尖的喙衔起植物茎叶编织一个“乱糟糟”的鸟巢。

涉禽

很多涉禽用它们长且弯曲的喙探入泥沙中捕食猎物。

鹫和猫头鹰

猛禽有锋利的钩状的喙，用以撕碎猎物。

鸽子

鸽子有着“万能”的喙，可以到处啄食不同的食物。

啄木鸟

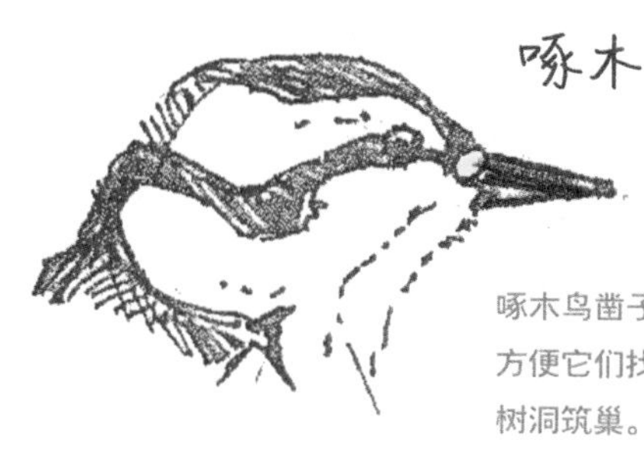

啄木鸟凿子般的喙可以凿穿木头，方便它们找虫子、藏种子，还有挖树洞筑巢。

鸥

美洲银鸥的雏鸟会啄父母喙上的红点以索要食物。

鹭和翠鸟

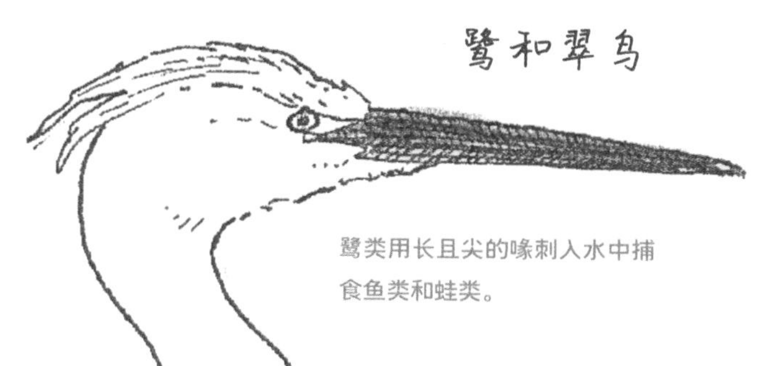

鹭类用长且尖的喙刺入水中捕食鱼类和蛙类。

鹈鹕用篮子状的喙把鱼从水里捞上来。

鹈鹕

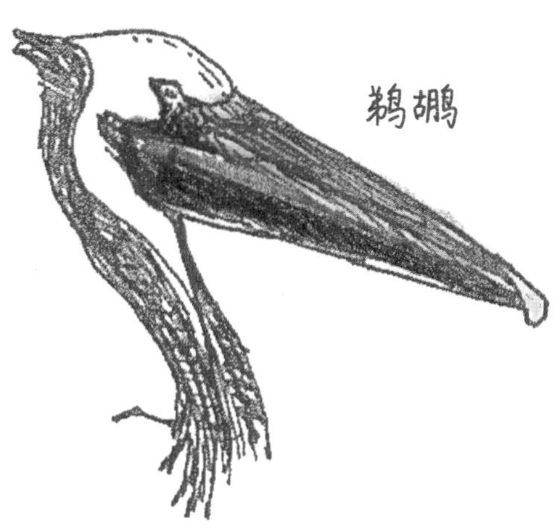

取食种子的鸟类

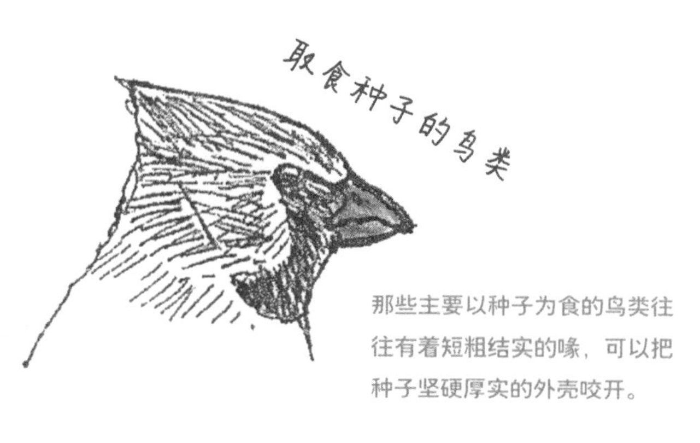

那些主要以种子为食的鸟类往往有着短粗结实的喙，可以把种子坚硬厚实的外壳咬开。

注意观察不同的脚

不同的脚有不同的用途，比如在水中游弋、在陆地行走、爬上树干、抓握树枝、抓住并携带猎物等。

游禽长有蹼足，可以更好地划水。

鸭类

雷鸟的脚覆盖着厚厚的羽毛，有助于在严冬时节保温。

鸣禽

4 趾

鸣禽大多树栖，具 4 趾——3 趾朝前、1 趾朝后，这样可以确保其牢牢地环握树枝，即使睡觉也不会掉下树。

啄木鸟的两趾朝前、两趾朝后，方便它们垂直抓住树皮，在树干上爬上爬下。

猛禽用其钩状的利爪抓住并带走猎物。

乌鸦
在地面行走

涉禽、火鸡

跟其他树栖性鸟类一样，乌鸦的第一趾可以帮它们抓住树枝，也可以让它们在地面行走时保持平衡。但大多数需要长时间在地面上行走的鸟类（如涉禽和火鸡）的第1趾很短。

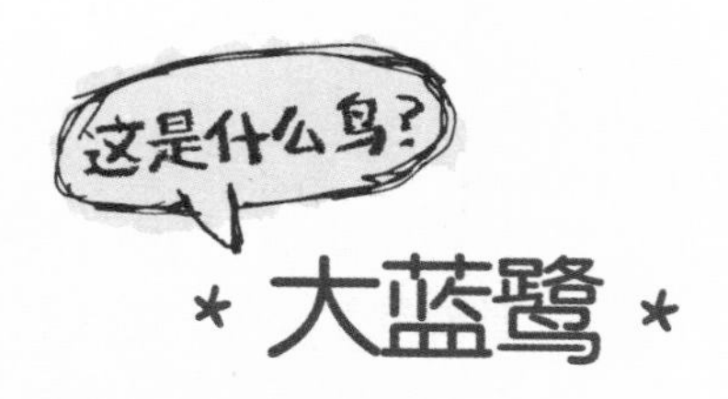

* 大蓝鹭 *

这种看起来很有威严的鸟分布在中美洲到加拿大北部的偏远地区。在水常年不结冰的地方，大蓝鹭全年可见。它们通常一动不动地站在茂密高大的水生植物丛中寻找猎物，很难被发现。如果你也能像它们一样有耐心，就可能会看到一只大蓝鹭突然跳入水中，从水里叼出扭动挣扎的鱼、青蛙、小龙虾，甚至蛇。

飞行中的大蓝鹭很容易识别，它们体型很大，长长的腿在身后伸展，翅膀拍打的幅度很大，但很慢。

12月7日下午3:40，在山谷中
消磨时光。
不同声调的叫声
“呼——呼——呼呼——”
尾羽翘起
♂
鼓动喉部白色
的羽毛
前倾着身体大声鸣唱。
♀
更高声
地回应
“呼——呼——呼呼——”
一对美洲雕鸮
的求偶过程。

用耳朵去听

经常有朋友问我：“你怎么能识别这么多种鸟的鸣声？”“你是怎么把它们记住的？”我得承认，作为一名音乐家（我拉了很多年的大提琴），对此很有帮助。当我开始观鸟时，所用的野外观鸟指南里都描述了鸟类的鸣声。

我还曾花几小时的时间听鸟类鸣声的音频并努力记住它们。现在，你只需要点开电脑程序或手机应用程序就能获得很多很棒的关于鸟类鸣声的资源。当然，我觉得最好的学习办法还是走到户外去听真正的鸟鸣，如果有一个很懂鸟鸣的人陪你一起去就更好了。

我听到的是什么？

鸟类的鸣声复杂多样，神秘又迷人。它们一定是在用声音交流——不然为什么要发出声音呢？我们需要了解它们发出啭鸣、呱呱叫以及通过拍打翅膀或敲击树干发出声音的意义。

当我还是个孩子的时候，我家住在一片沼泽附近。在炎热的夏夜，我曾听着夜鹭的“呱呱”声入睡。那时我没有见过它们，只在晚上听过它们的声音。

神奇的鸣管

鸟类没有声带，而是靠鸣管发声。鸣管位于鸟类呼吸道下部支气管分叉处，其结构的复杂程度因物种而异。这种鸟类独有的器官使得一些鸟可以模仿人类的语言，还有一些鸟可以同时发出多个单音。小嘲鸫可以学习和模仿不同的声音，并根据保卫领地、吸引配偶或嬉戏等不同需求随时改变鸣声。黑顶山雀可以发出至少 15 种不同的叫声。一只小小的冬鹪鹩从密林深处发出的鸣声，让人觉得它仿佛就在身边。

蜂鸟的鸣管太小，只能发出轻柔的啁啾声和破碎的声音。还有些鸟类，比如一些鹫类，它们没有鸣管，只能用嘶嘶声和低沉的咕噜声交流。

去聆听

我发现，把望远镜背在身后不去用，只是聆听鸟鸣，就非常有趣。有朋友戏称这是在“用耳朵观鸟”：一边散着步，一边听着它们的叫声。也许你知道的比你以为的还要多。你能听到冠蓝鸦、乌鸦、山雀、白喉带鹀或卡罗苇鹪鹩的声音吗？当你走近发出鸟鸣的地方，可能会发现是谁发出的声音。

如果你不能确定是哪种鸟的鸣声，可以记住这种声音，或者记录几个形容词——这声音是高的还是低的？是不是单调重复的？音调是下降的还是上扬的，是刺耳的还是甜美的？模仿一下它们的鸣声是将声音记住的好方法！

找一本带有“鸣声”列表的野外观鸟指南，或者考虑使用带有鸟鸣识别功能的应用程序，这样你就可以趁着对鸣声还有清晰记忆的时候赶紧做检索。

大多数鸟鸣是有季节性的，并会受到天气和时间的影响。想要听到更多种类的鸟鸣声，最好是在春天的清晨和黄昏。因为那时候有很多鸟类正在迁徙或求偶，建立自己的领地。全年都会鸣叫的鸟类有鸽子、冠蓝鸦、乌鸦、美洲银鸥、家麻雀、椋鸟及家朱雀。

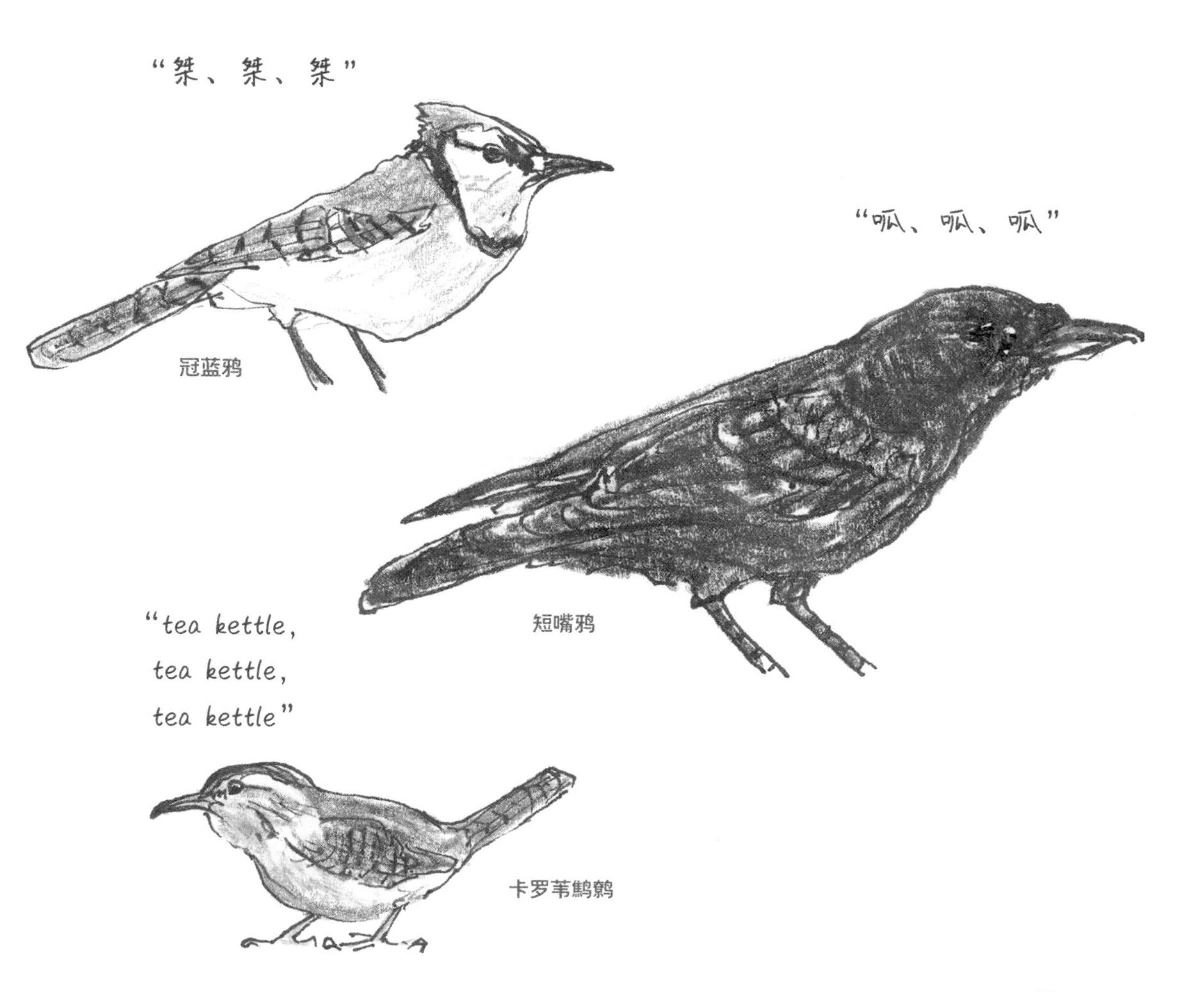

鸣叫与鸣唱的区别

鸣叫声通常比较简短、单调，比如“啾啾”声、粗哑的“嘎嘎”声、“吱吱”声、“喇叭”声、“呱呱”声，甚至是叩击上下喙发出的“咔吧咔吧”声，等等。这些叫声通常被用于联络彼此（“我在这儿，你在哪儿？”）、协调鸟群集体活动（“我们出发吧！”）或作为警告（“嘿，当心！”）。幼鸟在向父母乞食时会发出特别的叫声。

很多鸟都会有一些物种特异性鸣叫，这意味着它们面对不同的捕食者时会发出不同的警告声，比如类似于“危险，地面有狐狸！”“小心，空中有鹰！”的示警声会有明显的区别。雌鸟和雄鸟都能发出不同的示警声，且这种鸣叫能贯穿全年。

当你听到冠蓝鸦发出某种特殊的示警声时，你大概能猜到是一只猫或者别的掠食动物接近了它的巢。

小鸭子排成一溜儿跟在鸭妈妈后面走的时候会发出持续不断的叫声。

鸟类的鸣唱是婉转的音符，有时是颤音，有时是短句，有时是长诗……有时也可能是“呱”或“桀”。（别怀疑，乌鸦和冠蓝鸦也是鸣禽，虽然它们的“歌声”在人类听来并不算好听。）鸟类用鸣唱声来宣示领地、吸引配偶、赶走竞争对手、维持伴侣关系以及进行其他交流。

真正的鸣鸟（即“雀形目鸣禽”）能发出各种各样的鸣唱声。雀形目鸟类大多喜欢栖息于树上，这个庞大的类群包含了全世界一半以上的鸟类，包括麻雀、鸫、主红雀、鸦、莺、雀、嘲鸫等。

鸟儿可以随意鸣唱：可以在黄昏时，可以在起飞前，或者只是为了开心而唱。

鸟类的“语言”

听得越多，就会越了解鸟类是如何交流的。当你开始“用耳朵观鸟”时，就会发现自己通常是先听到它们的声音，然后循声找到其所在。

加拿大黑雁集群飞行时会用此起彼伏的鸣叫来相互联络。

水鸭（比如绿头鸭或北美黑鸭）在受到惊扰时会发出“嘎嘎”的叫声。

冬日里天气稍暖和些的时候，一大群家麻雀挤在小檗属植物的灌丛中叽叽喳喳地聊着天。

鸽子和哀鸽可以发出哨音或拍打翅膀发出声响来向同伴示警。

啄木鸟，比如这只黄腹吸汁啄木鸟，会通过敲打树木、电线杆、排水管或屋檐的方式来宣示领地。

集成大群繁殖的鸟类，比如这些普通燕鸥，会发出嘹亮的鸣叫声，即使在很远的地方也能听到。它们要靠鸣叫声吸引配偶并与之交流，在拥挤的繁殖区域保卫它们的领地，以及确认自家雏鸟的位置。

有些鸟不管什么时候都在鸣唱或鸣叫。比如，旅鸫可以欢快地从凌晨唱到黄昏，一遍一遍地连续发出10次或更多的“啾啾啾”或“咯咯咯”的声音。它们这样不停地唱歌似乎只是因为喜欢。

只有在巢附近时，旅鸫才可能安静下来，且只在必要时发出尖锐的示警声，雌鸟还可能通过喙用力地叩击发声来威吓敌人。

小嘲鸫的鸣唱能模仿其他鸟类的鸣声、汽车喇叭声、报警器或其他机械声等超过200种不同的声音。如果雄鸟还没找到或失去了伴侣，它们可能会这样一直鸣唱下去。

今早下起了雪，地上开始积雪。
4月29日
马什布鲁克路

站在电线上，
在风中努力保持平衡。

一只红头美洲鹫
飞过迈克家的农田。

选自我的观鸟日记

佛蒙特州的罗切斯特——我正在去办事的路上。我摇下车窗，听着，看着。在这片自然的景致里，我花了一些时间来画画。鸟儿自顾自地生活，旁若无人。

在喂食器旁观察

喂鸟是一种拉近与鸟类距离的很好的方式，你可以很方便地观察它们。当鸟儿来来去去时，你可以观察它们的各种行为。（译者注：欧美一些国家有投喂野鸟的习惯，虽然他们往往只是投喂种子，获益的是食物链底层的物种，但这其实会对生态和动物行为造成一定影响，我们并不提倡投喂野生动物，保护好栖息地更为重要。）

市面上有适合不同预算的喂食器和鸟食。大多数五金商店和家居用品商店都有出售。如果你的邻居会喂养鸟类，可以向他们咨询如何放置能更有效。鸟儿可能需要几天的时间才能注意到并开始使用一个新的喂食器。你能在不同的季节看到不同的鸟吗？把看到每个物种的日期列在清单上，你就可以逐年进行比较了。

西南方，
太阳快要下山了。
两只啄木鸟在相互追逐。
山雀
哀鸽
冠蓝鸦
主红雀
灯草鹀
美洲凤头山雀
白喉带鹀

使用喂食器更多的是为了方便我们享受观鸟的乐趣。鸟类的生存并不依赖喂食器，它们的大部分食物都来自周围的栖息地。如果你有足够的空间，可以考虑种植一些一年四季都能为鸟类提供食物和住所的本地植物。

在美国，黄昏锡嘴雀是一种入侵物种，这意味着它们的数量每年都会变化，其数量取决于食物的供应和其他尚未摸清的因素。

有些鸟永远不会光顾喂食器

并不是所有的鸟儿都会被喂食器吸引。旅鸫和莺类以软体动物、昆虫和水果为食，它们不喜欢以种子为主的鸟食。猫头鹰和鹰倒是有可能潜伏在喂食器附近，以捕捉那些来喂食器觅食的小鸟和啮齿动物。

莺类喜欢吃昆虫和水果。

鸣角鸮喜欢吃小型啮齿动物、小型鸟类和大型昆虫。

旅鸫喜欢吃蚯蚓、昆虫和水果。

观察不同的野生动物共享或争夺喂食器是一件很有趣的事情。冠蓝鸦吃东西很粗鲁，它们会翻找自己喜欢的食物，并把不喜欢的种子翻得到处都是，而被拨到地上的种子则便宜了喜欢在地面觅食的哀鸽。

城市中的鸟类

在城市的公寓里，我们往阳台的钩子上挂了一个管状喂食器。山雀、家麻雀、美洲凤头山雀、主红雀和其他野鸟经常光顾，甚至还有生活在附近的松鼠。我们把种子撒在托盘上来喂食哀鸽、鸽子及其他喜欢在地面活动的动物。我家附近有许多树木和灌丛，可以为鸟儿提供隐蔽点和居所。

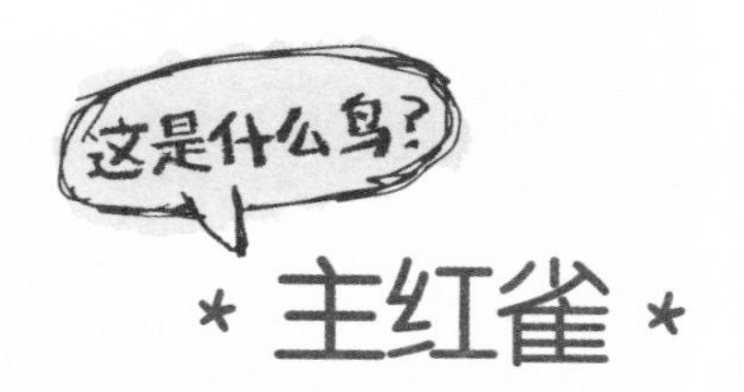

* 主红雀 *

在北美洲东部和中部，主红雀是留鸟，它们是当地喂食器的常客，会在有树木和灌丛的院子里筑巢。

春天的时候，雄鸟站在高高的树冠上，唱着“whoit- whoit- cheer”（春天来了！）的歌。雌鸟经常与配偶表演二重唱，也经常在巢中鸣唱，提醒雄鸟该把食物带回来了。听一听它们在灌丛中觅食时互相应和的歌声吧。

主红雀是美国七个州的州鸟，足以证明它们有多受欢迎。

乡村中的鸟类

多年来，我们一直在佛蒙特州农舍的前廊上挂着一个大的木制沙拉碗，盛着黑油葵花籽。哀鸽一来就会坐在碗里埋头进食。其他的鸟儿则是来了又走。夏天时，冠蓝鸦和红翅黑鹂（以及花栗鼠和北美红松鼠）可以在两天内吃光一碗葵花籽。

在房子后面的花园和树木附近，我们挂了许多从当地五金店购买的各种便宜的塑料喂食器。在喂食器附近，我们看到了北美金翅雀、紫朱雀、靛蓝彩鹀以及其他很多鸟类。而在地面上，还有哀鸽、歌带鹀、多种灯草鹀……当然，还有快乐的花栗鼠和北美红松鼠。

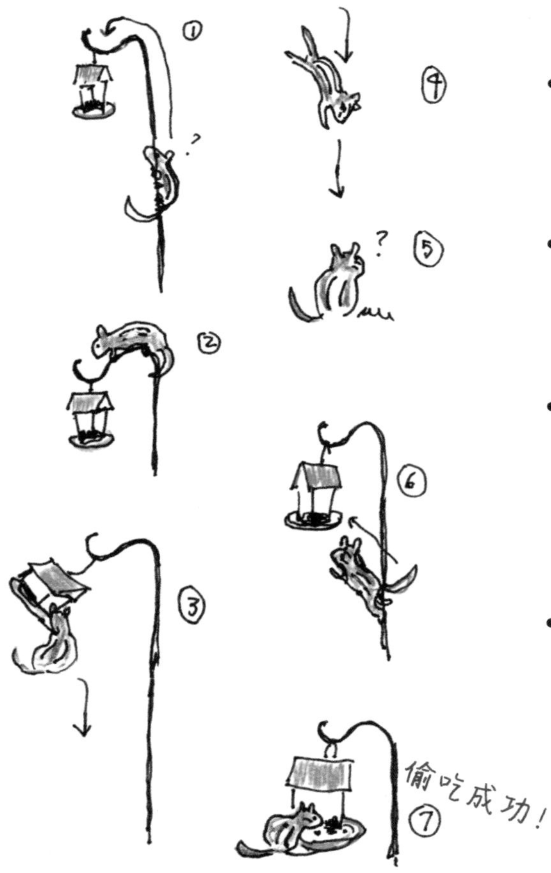

一些喂食指南

- 不要把喂食器挂得离窗户太近，窗户玻璃所反射的天空和树木的倒影会迷惑鸟儿，导致它们撞到玻璃上。
- 如果你所在的地方有很多家猫出没，那就要慎重架设喂食器。全世界的家猫每年能杀死数百万只野鸟。
- 你可能会陷入防止花栗鼠、北美红松鼠偷吃种子的“无休止战争”中。买一些带有特殊挡板的喂食器可能会好点儿。
- 如果你住的地方附近有熊，那么每年 4 月到 11 月的晚上最好把喂食器收回室内，早上再挂到外面。

一块放置在铁丝笼里的板油可以引来啄木鸟、山雀、鸸、鹪鹩等鸟类。

在熊出没的季节，晚上我们会把喂食器收起来，不然……

有些鸟喜欢吃水果，一个剖开的橙子可能会引来橙腹拟鹂。

䴓

北美洲有 4 种䴓，最常见的是红胸䴓和白胸䴓，它们都很喜欢造访喂食器（尤其是有板油块的喂食器），也经常在树干上爬来爬去（特别喜欢倒着爬）。䴓在夏天喜欢吃昆虫，到了冬天就开始吃植物种子和树皮下的虫卵。通常，在看到它们之前，你就能听到它们“yank，yank，yank”的叫声。

红胸䴓，分布于美国和加拿大北部的森林和西部的山区。

白胸䴓，遍布美国各地。

小䴓，喜欢美国加利福尼亚州的西黄松林。

褐头䴓，分布于美国东南部的松林。

蜂鸟喂食器也很有趣。蜂鸟喜欢的花蜜混合物制作起来很容易：只需将1份蜜糖加4份开水混合即可，当然要放凉再喂。不要添加食用色素——完全没必要，且可能危害蜂鸟的健康。需要经常添加花蜜，每次被吃干净后都要清洗喂食器。

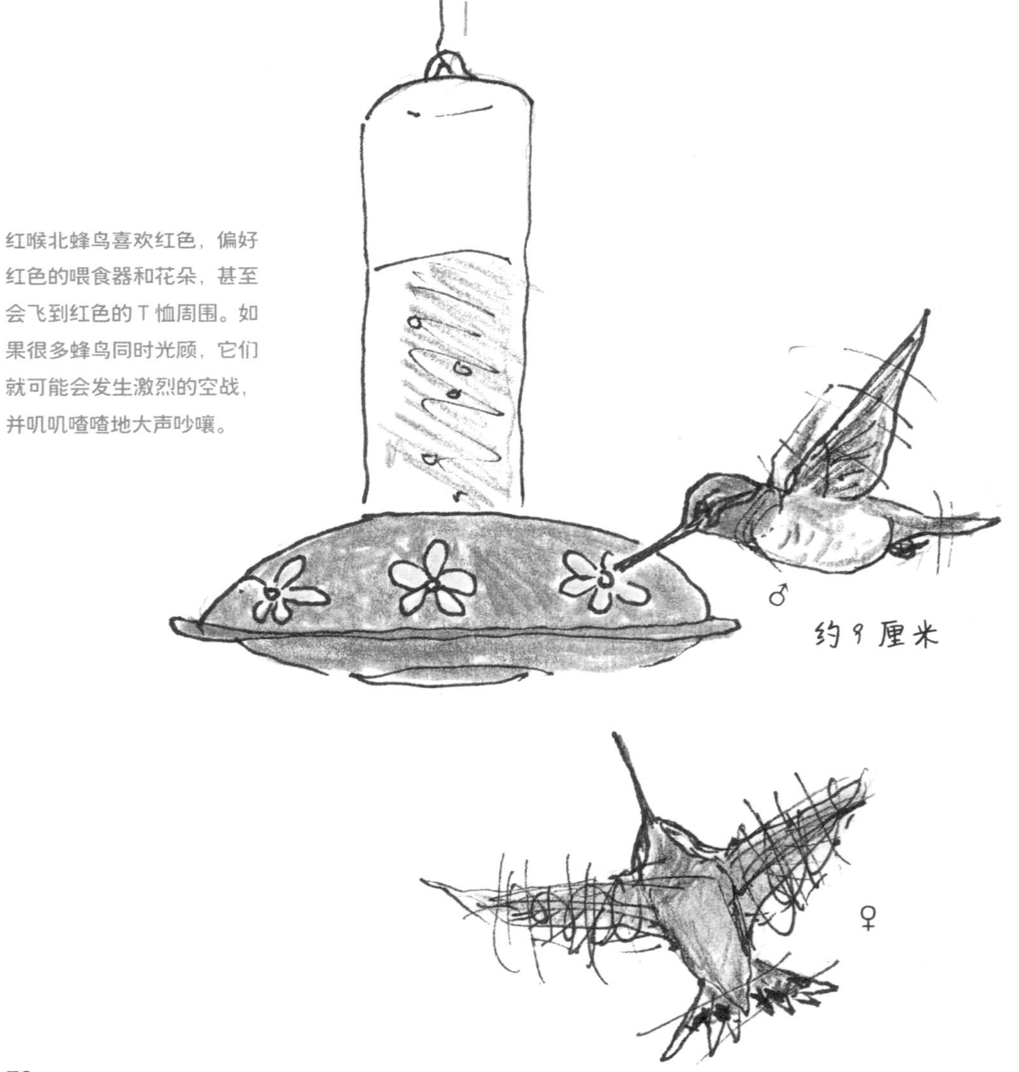

红喉北蜂鸟喜欢红色，偏好红色的喂食器和花朵，甚至会飞到红色的T恤周围。如果很多蜂鸟同时光顾，它们就可能会发生激烈的空战，并叽叽喳喳地大声吵嚷。

* 蜂鸟 *

北美洲有 25 种蜂鸟，大多生活在较温暖的地区。这些小小的鸟儿比看起来要坚强。有的蜂鸟会不停歇地迁徙数百千米，有的则会一整年都待在同一个地方。

在开始往返于北美洲和中美洲之间的长距离迁徙之前，红喉北蜂鸟必须将自身体重增加一倍。

星蜂鸟是美国最小的蜂鸟。

铁锈色的棕煌蜂鸟可以从美国阿拉斯加州迁徙到墨西哥，这段迁徙之路大约 6400 千米。

安氏蜂鸟在美国西海岸的各个州都是常见的后院访客。

了解鸟类的行为

当我们看到一只旅鸫在捕食虫子或在水坑里洗澡的时候，可以很确定地知道它们在做什么。但如果我们看到一只鸟在树丛里飞来飞去或在地面跳来跳去，抑或是看到几只鸟“打架”的时候，就未必真的知道它们在做什么了。我们可以猜一猜它们的目的，当然也可以单纯享受观察它们可爱身影的过程。

你可以边观察边提出疑问，也许还可以做一些笔记，以便以后做研究。这样你就能逐渐了解鸟类的行为。很多专业书籍和网站甚至可以解答一些你能遇到的最晦涩的问题。

扑翅䴕飞到地面上捕食蚂蚁。

留心观察它们的行为

鸟儿不会毫无目的地做出一些行为。有时，如果知道观察的是哪种鸟，可以帮助你弄清楚它们的行为；有时，一些特殊的行为会让你快速识别出特定的鸟类。如果你能弄清楚并记住看到它们的季节、位置以及周围的生境，会让你更容易地辨识鸟种。

一些大型的雁和天鹅终身都和伴侣待在一起，而大多数水鸭、潜鸭和海鸭不会这样。绿头鸭在求偶和筑巢时会成双成对，但雄性绿头鸭不会承担起抚养后代的任务，而是由雌鸭独立抚育。

沙丘鹤遍布于北美洲的湿地草原。我在阿拉斯加州、内布拉斯加州的普拉特河沿岸、佛罗里达州的工业中心附近和郊区的后院都看到过它们。

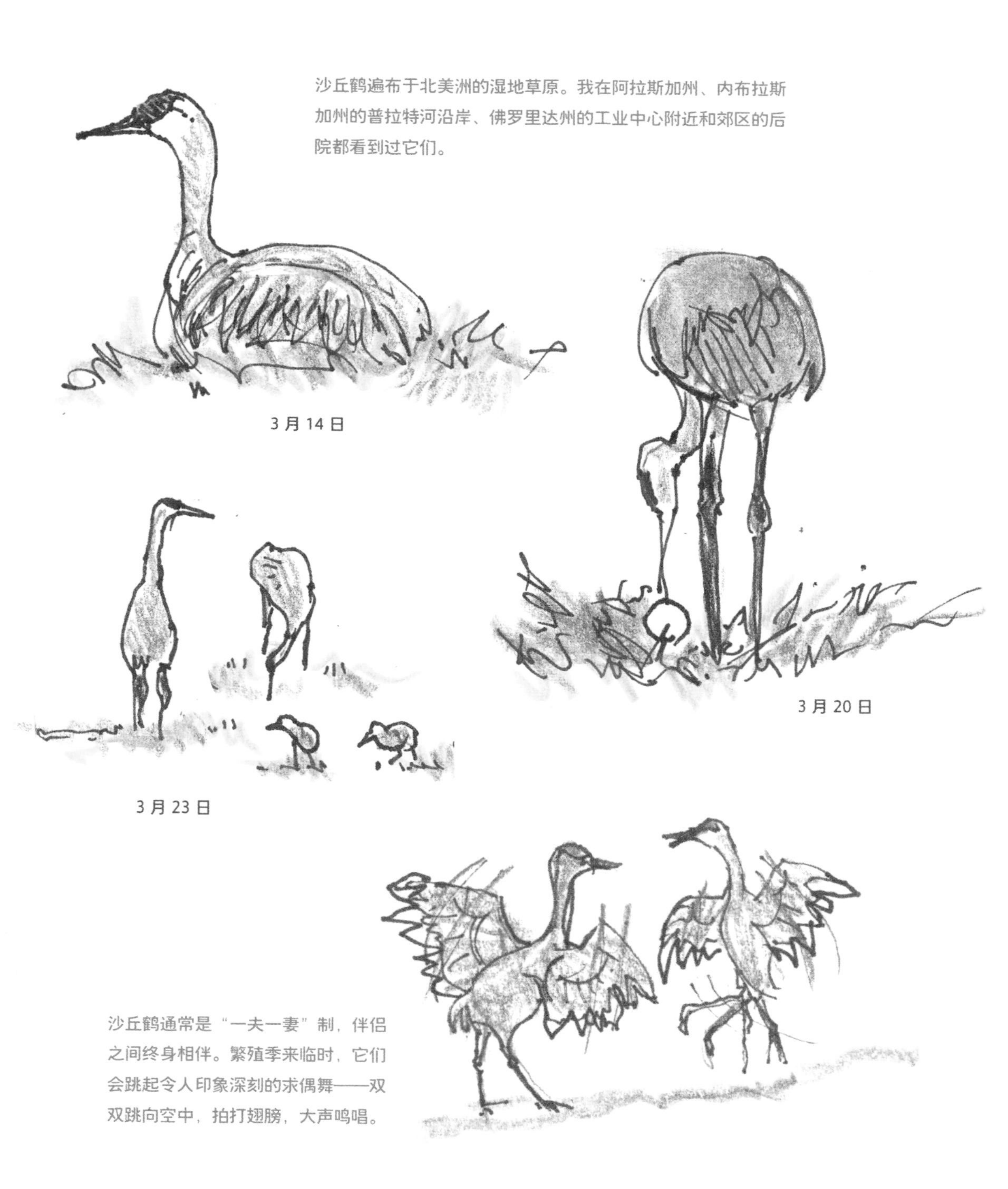

3 月 14 日

3 月 20 日

3 月 23 日

沙丘鹤通常是“一夫一妻”制，伴侣之间终身相伴。繁殖季来临时，它们会跳起令人印象深刻的求偶舞——双双跳向空中，拍打翅膀，大声鸣唱。

觅食

在一年中，许多鸟类必须摄入大量能量来维持体重。无论是吃坚果、浆果、种子，还是捕食昆虫、鱼和其他猎物，鸟类都要花很多时间为自己和后代寻找食物。可以说食物决定了鸟类的大部分行为，比如它们会去哪里。

雪松太平鸟和旅鸫在夏天时主要吃昆虫，到了冬天会聚集在果树上啄食小果子。它们会随着季节变化改变饮食结构。

像大蓝鹭这类的掠食者可以一动不动地站很久，观察鱼和青蛙的活动。它们可能会缓步蹚水，用又细又长的喙以迅雷不及掩耳之势攻击并刺伤水下的猎物。然后用喙翻动仍在挣扎的猎物，头朝下吃进嘴里吞下去。

你可以看到鱼或者青蛙正从食管中滑下去！

像红尾鵟这类猛禽已经适应了城市的生活。它们或盘旋于空中，或站在高大的树木或建筑物上搜寻猎物。松鼠、老鼠、花栗鼠、兔子和鸟类都是它们的食物。我们甚至经常能看到它们在高速公路旁和运动场上觅食。

水下觅食

鸟类在水里的觅食方式也各不相同。白枕鹊鸭在寻找水下无脊椎动物时可能会突然从水面消失，过一会儿从另一个地方浮出水面。针尾鸭用蹼足在水面划水，频繁地把上半身探入水中捞起水生昆虫和水生植物。

擅长捕鱼的鸟类各有各的技术。普通燕鸥会从水面掠过，捕捉那些离水面很近或是跳出水面的小鱼。它们也吃甲壳类动物、鱿鱼和水生昆虫，还会从其他鸟类那里偷鱼吃。

北鲣鸟可以以每小时约 100 千米的速度从 20 米的高空俯冲入水，并用翅膀和蹼足在水下游泳，用锋利的喙抓鱼。

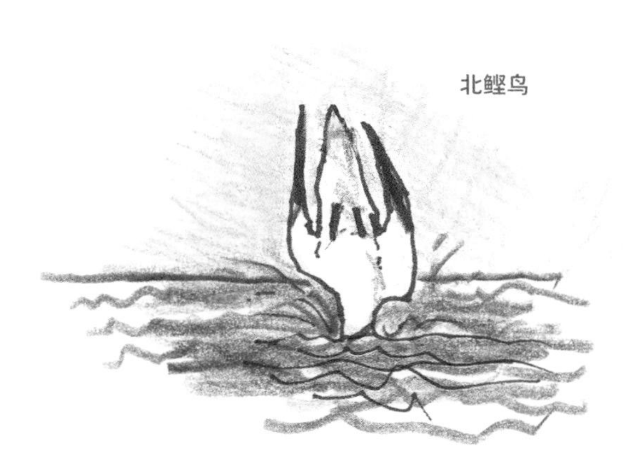

清理羽毛

保持羽毛整洁是飞行的必要条件。洗澡和梳理羽毛也可以去除螨虫、虱子和其他寄生虫。

很多鸟类喜欢在浅浅的水里洗澡——雨后车辙积水而成的水坑处常常聚集着麻雀、雀或旅鸫。沙浴也很受鸟类的欢迎，你可能曾看到过一只鸟在一堆干土或沙子上扑腾，把沙子弄进羽毛里。

家麻雀喜欢水浴，也喜欢沙浴。

往浅浅的容器里倒水，可以吸引很多鸟类过来洗澡和喝水。

理羽就是清理和整理羽毛的行为。大多数鸟类的尾羽根部都有尾脂腺，可以分泌油脂。鸟类用喙把这些油脂均匀地涂抹在全身的羽毛上，可以防水。

白头海雕理羽

三趾滨鹬理羽

鸬鹚

相较于其他鸟类，鸬鹚的尾脂腺不发达，所以它们的羽毛防水性较差。但容易湿透的羽毛便于它们在水下快速游动捕鱼。等它们离开水之后，需要花很长时间像这样张开翅膀把自己晾干。

交配和保护领地

在冬末和早春，我们可以观察一下鸟类的繁殖行为。旅鸫、椋鸟、鸽子和主红雀通常很容易被观察到，池塘和湖泊上的雁、鸭和天鹅也很容易被发现。其他鸟类则更隐秘一些。

求偶的方式因物种而异，可以用声音，也可以靠动作。许多鸟在求偶时还会互相喂食。

白头海雕会上演惊心动魄的婚飞：抓着彼此的脚在空中高速转圈。

主红雀会互相喂食，雌鸟会抖动翅膀向雄鸟乞食。

疣鼻天鹅夫妻在水面上以优美的舞蹈来加深彼此之间的情感。

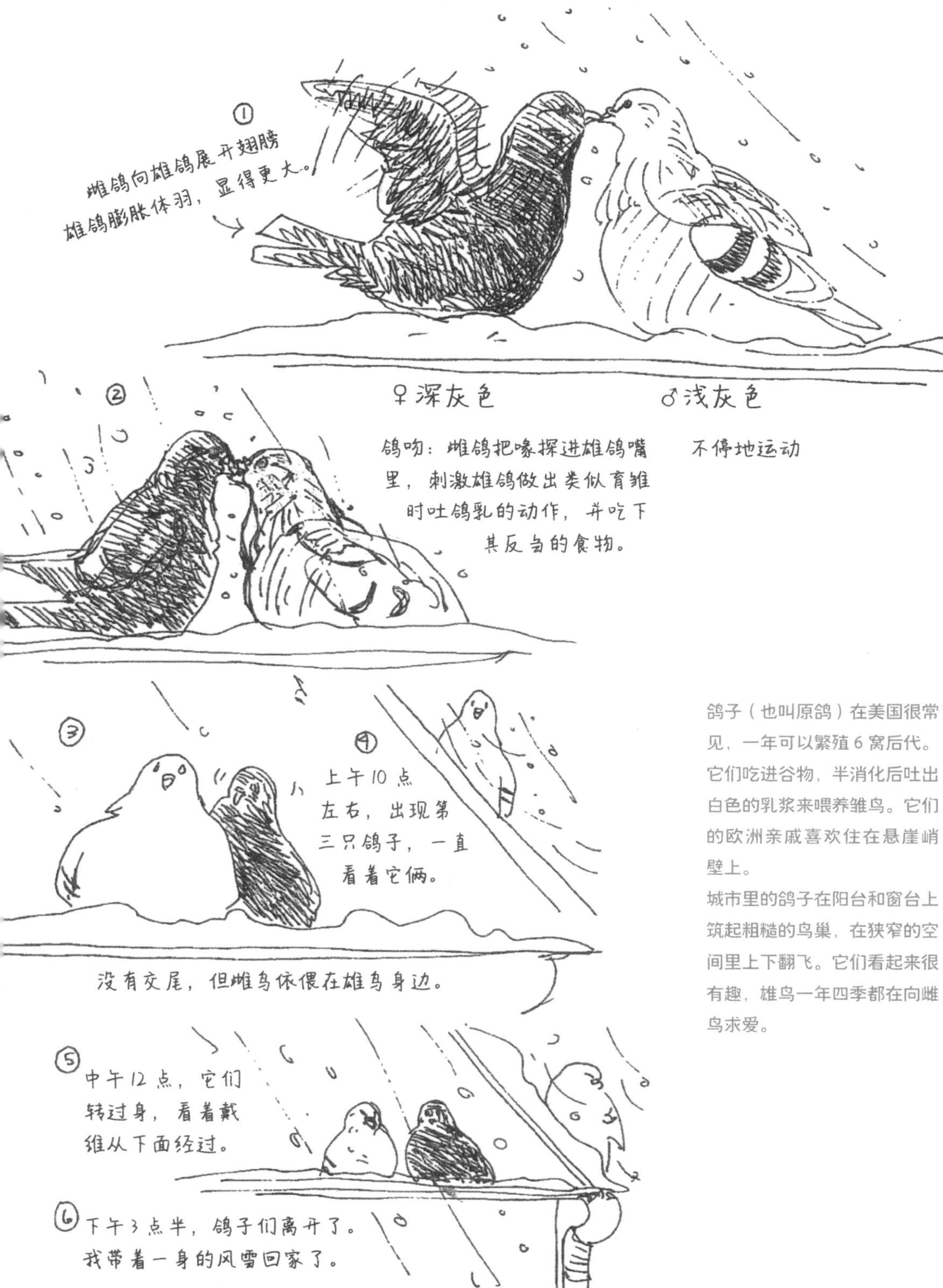

鸽子（也叫原鸽）在美国很常见，一年可以繁殖6窝后代。它们吃进谷物，半消化后吐出白色的乳浆来喂养雏鸟。它们的欧洲亲戚喜欢住在悬崖峭壁上。

城市里的鸽子在阳台和窗台上筑起粗糙的鸟巢，在狭窄的空间里上下翻飞。它们看起来很有趣，雄鸟一年四季都在向雌鸟求爱。

筑巢行为

鸟类求偶、筑巢和养育后代的方式多种多样，令人惊叹。我总是提醒学生：鸟类没有手，所有筑巢工作都是靠喙和脚来完成的！你也许可以跟踪那些带着食物匆匆回家喂孩子的鸟爸、鸟妈，从而找到它们的巢，或者通过听雏鸟、幼鸟乞食的叫声来找到它们。但是请保持距离，不要打扰它们哦。

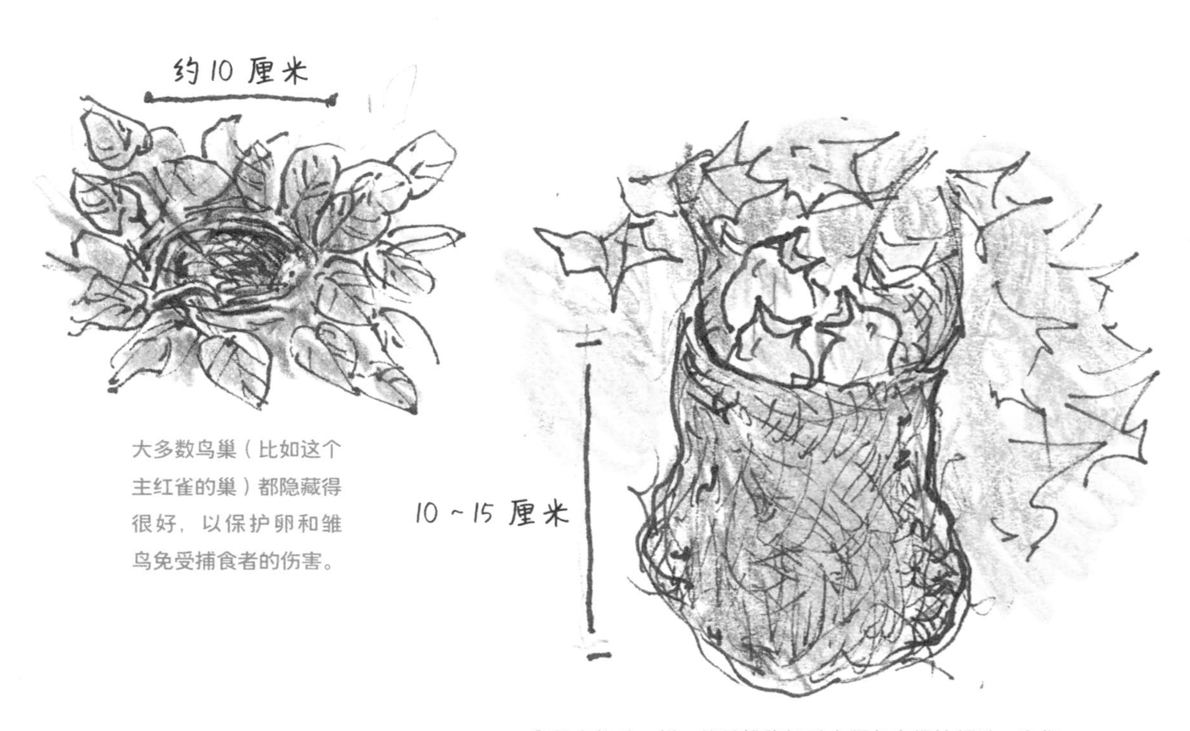

大多数鸟巢（比如这个主红雀的巢）都隐藏得很好，以保护卵和雏鸟免受捕食者的伤害。

和很多物种一样，雄性橙腹拟鹂主要负责保护领地。它们会给雌鸟带来一些巢材，然后主要由雌鸟来完成选择巢址和筑巢的工作。雏鸟出壳后，夫妻俩会轮流给孩子喂食，它们的食物主要是小飞虫、毛毛虫和蛴螬之类。

鸟类如何筑巢、在哪里筑巢以及为什么筑巢是个很有趣的研究方向。鲣鸟、三趾鸥、鹱和崖海鸦等鸟类选择在岩石峭壁上筑巢。

美洲雕鸮从 1 月开始营巢，它们会利用废弃的松鼠的树洞或乌鸦的巢。

悬崖上繁殖的鸟类所产的卵通常一头很尖，这是为了防止卵滚落。

北极海鹦在岩石洞穴中营巢。

双领鸻和夜鹰直接在地面或者建筑的屋顶上产卵。

选自我的观鸟日记

在古巴访问期间，我扫视了一下酒店的大厅，在一棵大型盆栽上发现了一个小巧的蜂鸟巢。

北美黑啄木鸟幼鸟

一些洞巢鸟（如啄木鸟、山雀、林鸳鸯等）会寻找树洞作巢，或者自己在树上挖一个洞。

长尾霸鹟夫妻俩经常会回到相同的筑巢地点。你可以听一听它们呼唤彼此时特有的“phoebe”声。它们方正的头部是典型的识别标志，当栖息在巢旁的电线或树枝上时，它们还会不停摇动尾羽。

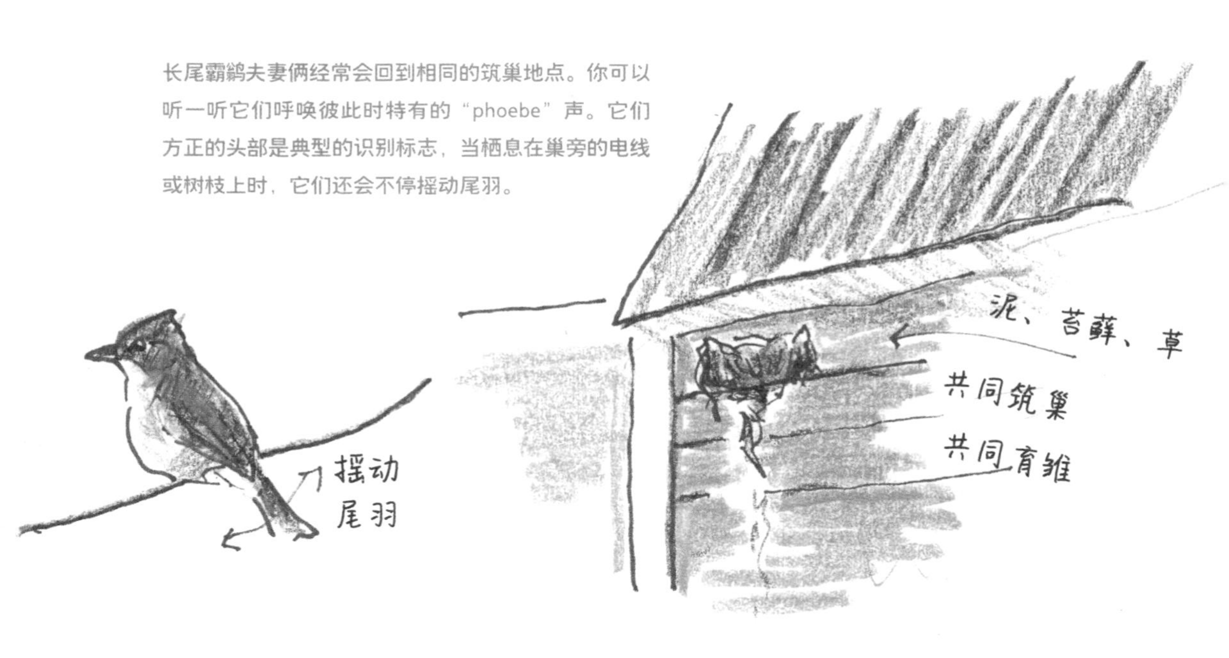

个体越多越安全。大蓝鹭会集大群在沼泽湿地或其他水体附近的大树上筑巢。

跳着走下来

一直暴露在外

一只雏鸟

我躲在
另外一个
纪念碑后面
画下了这一幕，
离得不近，
也没有画多久。

这里离
喧嚣的公路
不到15米，
头顶有
雨燕飞过，
旁边常有
行人经过。
它把巢建在了
这座女士
石像的怀里。

愤怒的母亲径直朝我冲来，
要赶我走。

充足的光照、丰富的昆虫和无脊椎动物、较小的筑巢竞争压力和较少的捕食者——这些都是**很多鸟类迁徙到遥远的高纬度地区繁殖的重要原因**。但高纬度地区适合繁殖的时间较短，极端、不可测的天气较多，这些因素会给鸟类带来很大的风险。

雪鸮会在干燥的小土包上营巢。雌鸟负责筑巢，雄鸟主要负责捕猎，它们的主要猎物是旅鼠。

红腹滨鹬是迁徙距离最远的候鸟之一，从北极到南美洲的南端往返约 4 万千米。雄鸟会先到繁殖地开始筑巢，然后雌鸟负责在巢内铺上地衣和柔软的草。

王绒鸭是世界上最大的海鸭之一，会在冻土带筑巢。跟大多数水禽一样，雌鸟暗淡的羽毛有利于伪装，雄鸟色彩明艳的羽毛则可以彰显自己的存在。

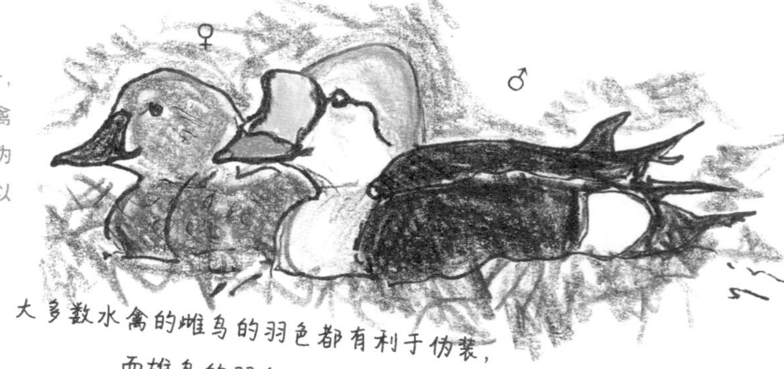

乌鸦做的硕大的鸟巢可能会被鸮、美洲雕鸮占据，甚至连白头海雕（有时）也会来抢占。你可能见过一种由很多大树叶堆成的窝，那是松鼠搭的窝，不是鸟做的巢。

乌鸦的巢

这些不是鸟巢！

不知哪里飘来的塑料袋。

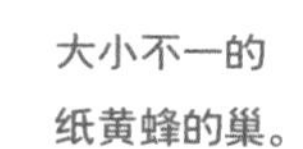
大小不一的
纸黄蜂的巢。

松鼠的窝

苍白的海绵一样的网状
巢是飞蛾做的窝。

做一个人工巢箱

如果你的院子里有很多树木和灌丛，能为鸟儿提供相对安全的栖身之所，就很容易吸引鸟儿来筑巢。不过，如果你能挂一两个人工巢箱，将会吸引更多喜欢洞巢的鸟类，比如东蓝鸲、山雀以及各种鹪鹩。

你可以从当地的自然保护组织，比如美国奥杜邦协会或康奈尔大学鸟类学实验室了解巢箱的知识，以及其他能让你的院子对鸟类更有吸引力的方法。如果你的邻居已经挂了人工巢箱，可以问问他们引来了什么鸟儿。

选自我的观鸟日记

我们在佛蒙特州的院子里为东蓝鸲挂了3个人工巢箱，但那里的东蓝鸲更喜欢邻居家的巢箱。当然我们家的巢箱也没有浪费，引来了双色树燕和莺鹪鹩。对了，冬天的时候，老鼠也喜欢钻进这些舒适温暖的巢箱。

双色树燕可能会把东蓝鸲赶走。

它们在哪儿过夜？

大多数鸟类到了晚上会在树上或洞穴里过夜。鸟巢主要是用来养育雏幼鸟的，成年后的鸟往往不住在巢里。不过有些鸟类在寒冷的天气也可能筑巢来取暖。

一群鸽子挤在一起过夜，这样可以互相取暖。

鸣禽大多在树枝上或灌丛里寻找庇护所。

鸭类会在水边寻找掩体以躲避捕食者。

选自我的观鸟日记

12 月 12 日，马萨诸塞州的格洛斯特，日落时分的白枕鹊鸭和狘鸭。

在栖息地观鸟

无论身在何处，你都可以寻找鸟儿的身影。你可以留心一下是否会在不同的地方看到同一种鸟，还是只能在某些特定的栖息地才能看到某种鸟。还可以思考一下，在不同的环境下、在一年的不同时间，鸟儿会有什么不同的行为。

在水体附近，无论是池塘、河流、湿地还是海洋，你都可能看到鸟类，它们或是在游泳，或是飞过我们的头顶，或是在筑巢，或是在觅食……这取决于你是在一年中的什么时间看到它们的。

我有一个朋友住在纽约，原本她对鸟类不感兴趣。疫情期间，当她发现布鲁克林普罗斯佩克特公园的鸟儿时，一个全新的欢乐世界向她敞开了大门。现在她时常把在开阔水域看到的鸟的照片发给我，想知道它们是什么鸟。我告诉她，它们是疣鼻天鹅、绿头鸭、白骨顶、普通秋沙鸭、棕胁秋沙鸭……

选自我的观鸟日记

带有池塘的农田为许多鸟类提供了栖息地。初夏，刺歌雀在高高的草丛中筑巢，一对加拿大黑雁正在养育它们的孩子。

如果有时间，你可以去稍远一些的地方。在那里，你可以发现从没见过的鸟类，也可以在不熟悉的环境中寻找熟悉的“老朋友”。开始你可能无法立即发现它们。别着急，只要多些耐心和时间，你会惊讶于自己看到和听到的鸟种之多。

这是什么鸟？

* 美国西部的 * 蓝色的鸦科鸟类

冠蓝鸦在美国东部比较常见，但是在美国西部的观鸟者可以看到好几种蓝色的鸦科鸟类，比如暗冠蓝鸦、蓝头鸦和西丛鸦。暗冠蓝鸦是一种漂亮的有着炭灰色和深蓝色羽毛的鸟，头上有着硕大的冠羽（它和冠蓝鸦是美国仅有的两种有冠羽的鸦科鸟类）。它们充满好奇心又聪明，经常在露营地和公园里闲逛、寻找食物。

西丛鸦身形瘦长，有蓝色和浅黄色的羽毛。它们生活在干燥的低海拔地区，春夏以昆虫和水果为食，秋冬则喜欢吃坚果和种子，尤其喜欢吃橡子。

蓝头鸦集成大群在美国西部的林地中游荡。其英文名 Pinyon jay 正是来源于它们的主要食物，它们会在森林里储存数万颗松子供以后食用。它们的食管可以膨胀，能一次性携带几十颗种子。

迁徙：它们要去哪里？

每年，有许多鸟类会在一个地方交配和养育后代，然后飞往其他地方，通常是飞到低纬度地区，以躲避高纬度地区冬天的恶劣天气以及食物和居所的匮乏。

大多数以昆虫为食的鸟类（包括莺、燕子和雨燕）都会迁徙，在潮间带会结冰的地区觅食的鸻鹬等涉禽也会迁徙。许多水禽和海鸟沿着开阔的水域一边寻找食物一边迁徙。有的物种在白天迁徙，而有的则在晚上。有些候鸟迁徙时会结成超大规模的鸟群，有些则只集小群活动甚至单独活动。

有些鸟类（如北极燕鸥和白颊林莺）的迁徙距离非常远。有的鸟可能只做短途迁徙，或者作为某地的留鸟基本上不迁徙。关于鸟类迁徙的研究越来越多，研究人员使用安装在鸟类背部的微型 GPS（全球定位系统）追踪器来获取候鸟的位置、高度、速度以及其他数据。

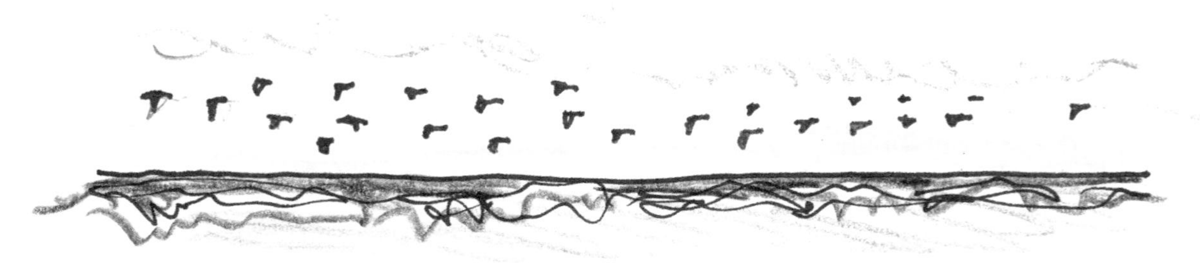

选一种你喜欢的鸟，然后去了解它们春天和秋天会飞往哪里。

烟囱雨燕是一种做长距离迁徙的候鸟。它们在春季和秋季会飞行数千千米，穿越墨西哥湾或沿得克萨斯州的海岸在美国和南美洲之间往返。在许多地方的初夏时节，它们都很引人注目。在阳光明媚的日子里，它们在人们头顶盘旋，叽叽喳喳地叫个不停，捕食昆虫。

烟囱雨燕
体长约12厘米，
翼展约32厘米。

夏季繁殖地
春秋迁徙
越冬地

棕塍鹬春季飞到北极繁殖，秋季飞到南美洲南端越冬。它们每年需要两次踏上长约 16 000 千米的迁徙旅程。它们经常要在大洋上空飞行，可以连续飞行 3 天不停歇。世界上有大约 70 种生活在海边的鸻鹬类涉禽，它们也会进行类似的惊人飞行。

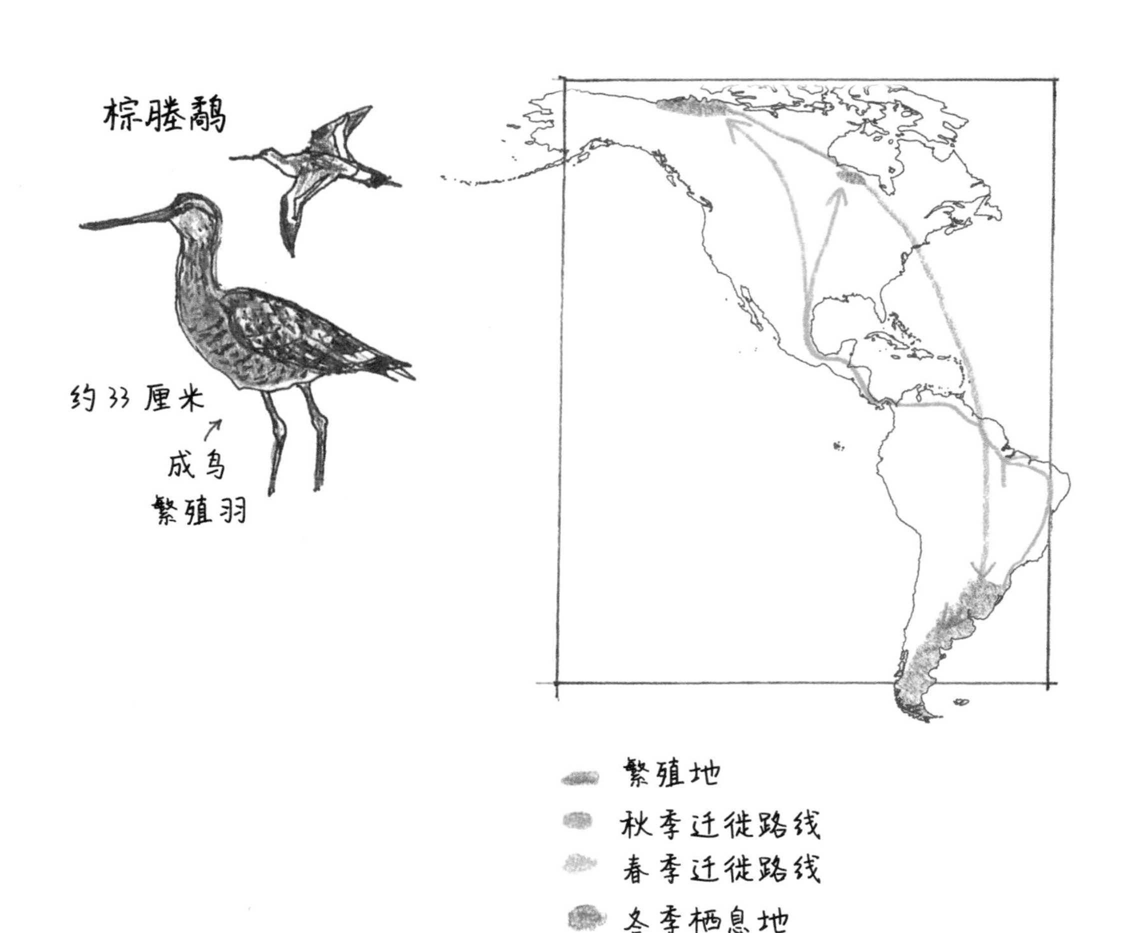

主红雀不迁徙，但在过去半个世纪中，由于气候变暖及其他原因，与其他一些鸣禽和被人类投喂的鸟类一样，它们的活动范围变大了。我们在佛蒙特州的房子海拔比附近的城镇高，虽然在我家周围看不到主红雀，但在市中心确实能看到它们。

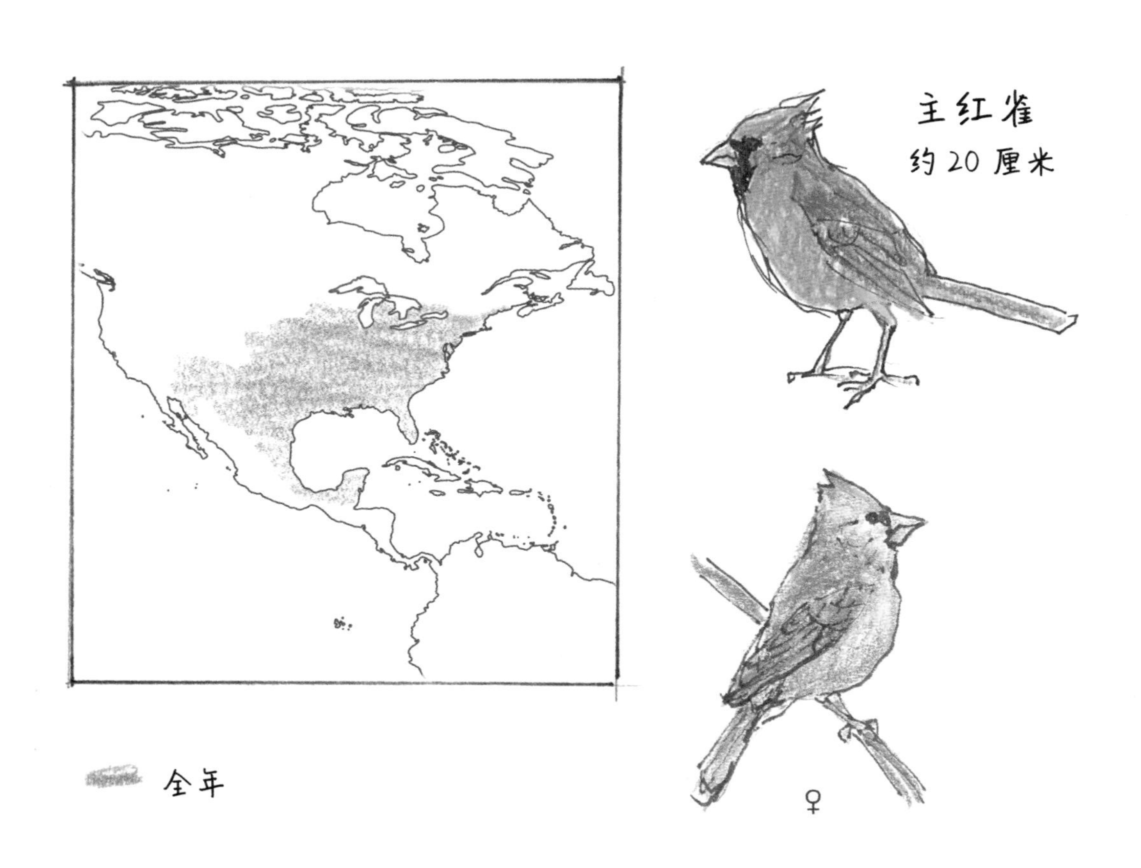

你在住的地方见过这些留鸟吗？有些候鸟在北美洲部分地区只做短距离的迁徙，所以在一些特定的地区全年都能看到它们。看看你住的地方是否能看到这些鸟。

- 冠蓝鸦
- 绒啄木鸟
- 黑顶山雀
- 美洲凤头山雀
- 常见的乌鸦
- 紫翅椋鸟
- 小嘲鸫
- 火鸡
- 加拿大黑雁
- 家麻雀
- 鸽子
- 主红雀
- 哀鸽
- 绿头鸭
- 红尾鵟

在一些地区，很多鸟类的种群数量因人类的投喂而有所增加。

意想不到的迁徙

2020 年，洛克菲勒中心的一棵巨型圣诞树上发现了一只小小的棕榈鬼鸮，这棵树是从加拿大运来的。这在当时成了头条新闻。人们给这只棕榈鬼鸮取名“洛奇”，美国各地的人都为它着迷。它在救助中心待了几天，然后被放归野外。

棕榈鬼鸮

C.
B.
画单独的
部位
画姿态
基本轮廓
D.
成品图
雪松太平鸟
用钢笔或
铅笔
A.
成品图
C.
用铅笔或
钢笔
盲画或修饰后
的轮廓
C.
姿态
盲画或修饰后
A.
的轮廓
B.
黑顶
山雀

画鸟基础

作为一名艺术家和视觉型学习者，我记住鸟类（以及其他一切）的方式是画它们。你不需要成为艺术家，就可以在一张纸上快速记录下所看到的鸟类的大致形状。我把这称为“边看边画”，就像鸟类学实地研究一样，你可以通过这种方式来提高自己识别鸟类的能力。

我教过不同年龄、不同阶段的人画画。大多数人开始时都会说“我不会画画”，到最后会说：“哇，看我画出了什么！”以下是我的绘画教学的 10 分钟浓缩版。

一些基础的画鸟技巧

在接下来的几页中介绍的快速、写意的绘画练习，几乎是所有艺术课的基础练习，就像运动员和音乐家做的热身运动。它们可以帮助你真正地“看到”一只鸟，而不是专注于制作一幅漂亮的图片。最好按顺序完成这些速写，从盲画轮廓开始，你可以在大约 5 分钟内完成它们。我建议从野外观鸟指南或杂志的鸟类图片开始临摹，或者在参观动物园或猛禽救助中心的时候做这种速写练习。

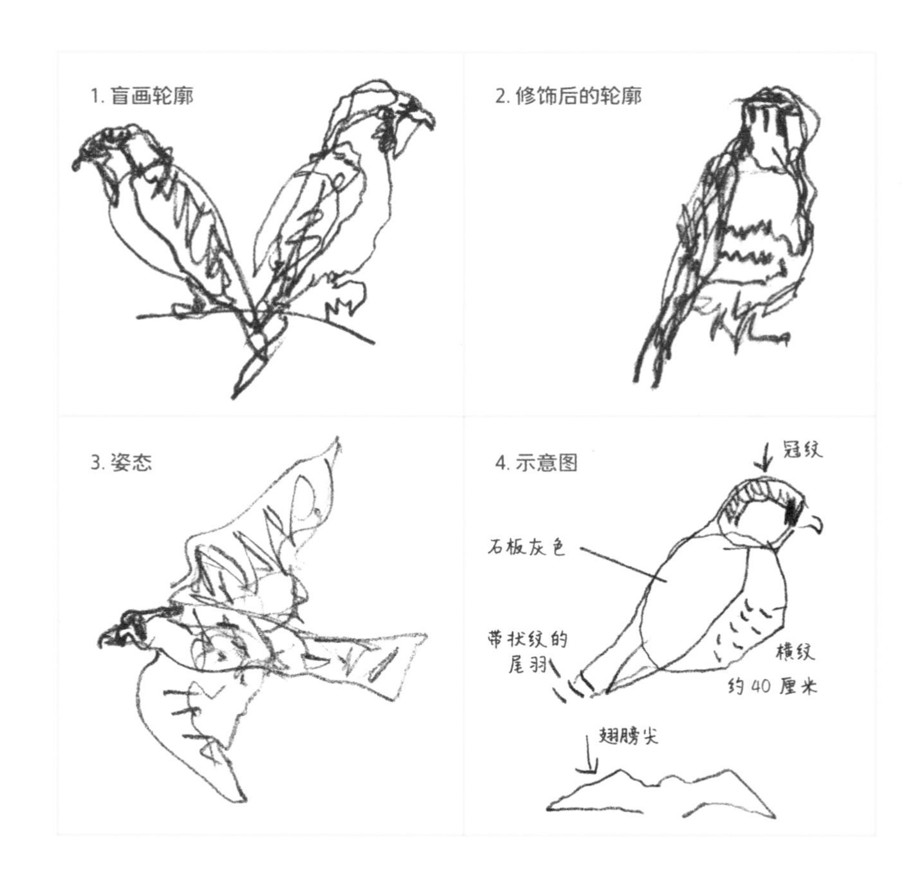

游隼，画于猛禽
救助中心。

盲画轮廓

完全不看画纸，眼睛只盯着你要画的鸟，在纸上画一条连续的线，记录所看到的一切。不要看图纸，不要让笔尖离开纸面或停下来，直到你从左到右、从右到左或者从上到下把整体轮廓都画好。慢慢地移动笔尖，仔细观察绘画的主体。不要偷看你的“试卷”！把自己想象成一只正在结网的蜘蛛。

试着在不同的时间内完成这个练习：45 秒、1 分钟、2 分钟（不要超过 2 分钟）。你可以试着改变鸟的位置或时间，抑或选择新的绘画对象。

学生都喜欢画这样的画，因为它们都很有趣，而且往往画得非常准确！

修饰后的轮廓

接下来，画同一只鸟（或另一只），这次允许自己看着画纸，但仍然不能把铅笔从纸上拿开，也不要判断自己画成了什么。画一条连续的线，慢慢地移动笔尖。当你感觉自己画好了，就可以停下来。最好在一两分钟内完成。

比较一下盲画的轮廓和修饰后的轮廓，你更喜欢哪一个？你可能会惊讶于这两种画法的写意和准确性，而且这么画也非常有趣！

姿态草图

一旦你习惯了画轮廓，试着把笔和纸带到室外，或者看看窗外是否有鸟在附近。这是一个经典的美术课练习，“模特”一直在移动，你必须不停地画出它们改变了的部位。这对练习速写非常有用，因为画的主体移动得很快!

同时看着你的纸和绘画主体，在需要的时候举起铅笔，尽可能快地画下其整体形态。当鸟儿移动时，重新开始画，不要等它回到原来的位置。

你可能只来得及画下鸟儿的一部分。你画得越多，看到的也越多。这种方法适合用来捕捉在喂食器周围活动的鸟儿的动态，因为它们通常会做出相同的动作。

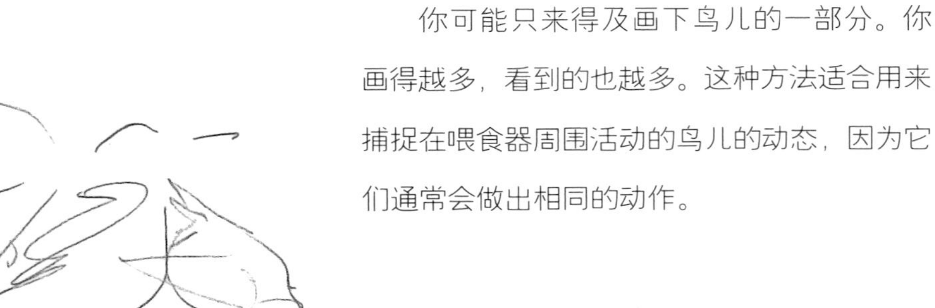

示意图

当你发现不认识的鸟儿，但没带图鉴，也不可能把它带回家，或者身边的人不想逗留太久时，画示意图很有用。尤其对那些更喜欢拍照录像的科学家来说，在相机、智能手机或笔记本电脑无法工作的情况下，这个技能很有用。

画出简单的有代表性的线条，像图鉴那样记录它最明显的特征：它的大小、颜色、外形、名称（如果你知道的话），以及当时的日期、地点和天气。记录足够多的信息，以便日后识别。在 3 ~ 5 分钟完成。

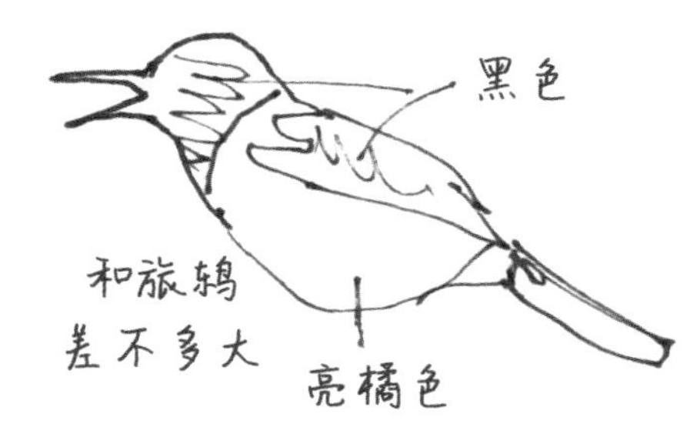

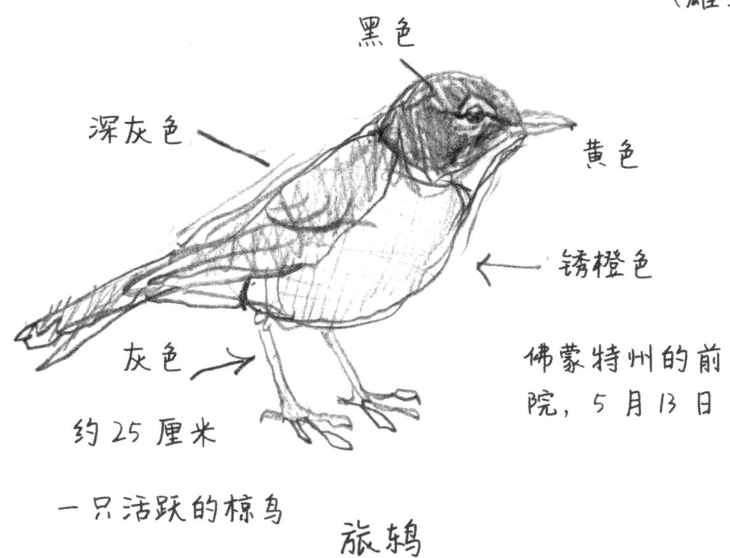

捕捉基本形态

鸟的身体基本上是卵的变体，头部是一个圆形。画轮廓图可以从躯干开始，然后向上到颈部和头部，向下到翅膀和尾巴。

当你开始画鸟时，可以先从这只鸟身上找一找，看能找到哪些几何形状。在一两幅盲画或修改过的草图中找到这些形状，可以帮助你把握鸟儿更真实的形态。绘制它的轮廓，可以先画出三角形、圆形或正方形等主要结构分区。如果你觉得有必要的话，还可以画一条轴线，这也能帮你更好地处理视角问题。将几何图形的外围用线连接起来，就能得到这只鸟的整体轮廓。

当你画到终稿时，就可以放松了，或者说是玩得很开心。现在，用不了 30 分钟你就可以用钢笔或铅笔画一幅“成稿”。如果你愿意，还可以给这幅画加点色彩。

用彩铅绘制的黑顶山雀

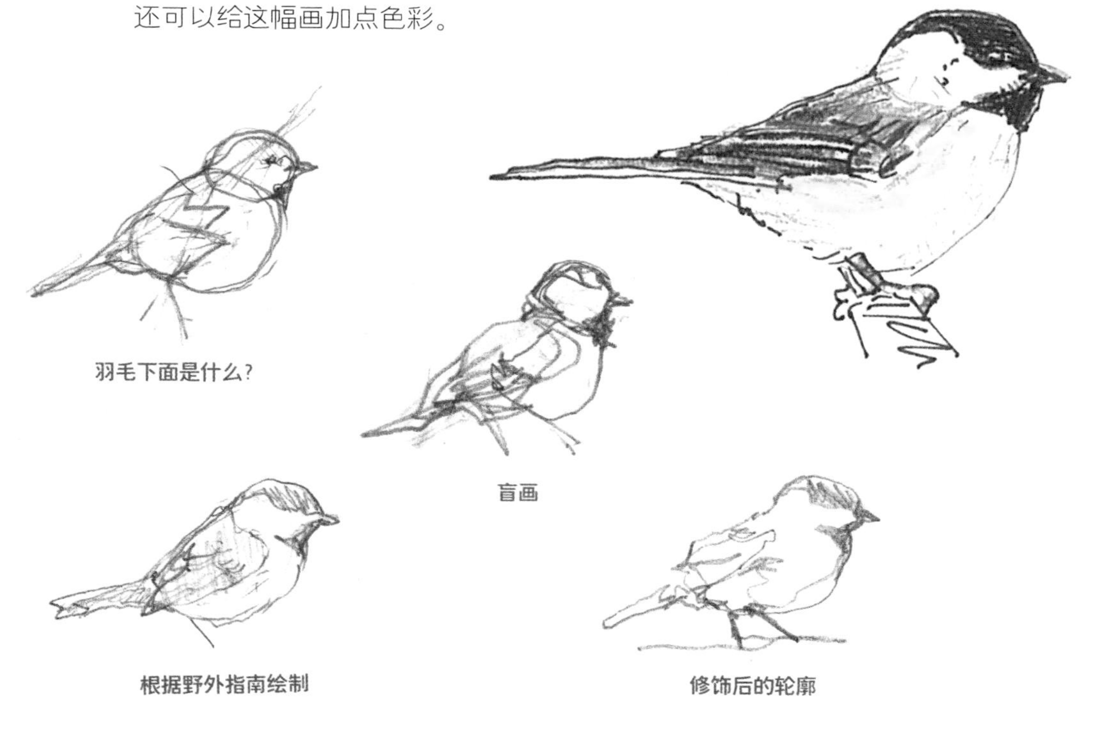

羽毛下面是什么？

盲画

根据野外指南绘制

修饰后的轮廓

不同季节的颜色

更深入的知识

对有些人来说，观鸟只是一种令人愉悦的消遣；但在另一些人看来，观鸟是一种无法自拔的激情。无论你属于哪一类，都可以了解更多关于鸟类的知识。那些关于鸟类行为、生态或生物学的丰富的信息值得你投入其中！这里有一些资源可以帮助你入门。

鸟类分类学*概述

全世界有超过 11 000 种不同的鸟类，从鹈鹕、鹦鹉到霸鹟，从鹤、白骨顶到嘲鸫……北美洲大约发现了 950 种鸟类，其中约 650 种在北美洲繁殖。

早期的鸟类指南会根据鸟类祖先的生理结构，按照“进化程度从低到高”的顺序排列。而鸟类的祖先就是在大约 1.5 亿年前的化石记录中发现的有羽毛和翅膀状结构的恐龙。那些曾经被认为在基因上与古代始祖鸟最接近的鸟类——潜鸟目、鹈鹕目和䴙形目的鸟类，在图鉴里都被排在前面。

随着科学家对鸟类遗传信息的持续研究，图鉴中的排序也在不断变化。因此，有的图鉴是从潜鸟目开始，有的是从雁鸭类开始，还有的是从䴙形目开始。是不是感到困惑了？别管从谁开始，所有物种都会被收录。

从科开始辨识鸟类可能更好入手。下面的列表来自我最喜欢的《北美鸟类图鉴》**。我至今仍在使用它，因为它对我来说最有意义。你的野外观鸟图鉴可能会有所不同，那没关系。只要是适用于北美洲的图鉴都可以。

---

* 一种将生物按组或类型分类的系统。

** 原书参考的是 1966 年出版的《北美鸟类图鉴》，但考虑到近年来系统发育研究推动的分类系统更新，本书列出了根据最新分类系统划分的常见鸟类类群。

- 潜鸟目
- 鹈鹕目
- 鹱形目
- 鹈形目
- 雁形目
- 隼形目*（如鹫类、鹰类和隼类）
- 鸡形目
- 鹳形目
- 鹤形目
- 鸻形目
- 鸽形目
- 杜鹃目
- 鸮形目
- 夜鹰目
- 雨燕目
- 鹦鹉目
- 佛法僧目（如翠鸟）
- 䴕形目（如啄木鸟）
- 雀形目（最大的类群，包括莺类、小嘲鸫、燕类、乌鸦等）

* 根据系统发育建立的最新分类系统，传统的隼形目已被拆分为鹰形目和隼形目。

绿头鸭

一些资源

随着世界各地的人对鸟类越来越感兴趣，关于鸟类的研究、观鸟旅行和相关志愿服务的机会也越来越多。在美国各个州立和地方的公园、自然科普中心、鸟类保护区和植物园里可以找到鸟类相关的项目，还会有专门的观鸟导游。你可以逛逛图书馆和书店，也可以向朋友咨询，当然还有更简单的——上网，有相当多关于鸟类的网站可供搜索。

鸟类相关的组织

美国鸟类保护协会
（American Bird Conservancy）
提供有关美国各地保护工作的信息，并定期出版期刊。
网址：https://abcbirds.org

黑人观鸟周
（Black Birders Week）
黑人观鸟周始于 2020 年，是一系列在美国各地举办的活动，旨在赞扬黑人自然爱好者和观鸟者在户外时面临的各种挑战。

康奈尔大学鸟类学实验室
（The Cornell Lab of Ornithology）
这是认识鸟类、了解鸟类研究和保护工作进展的优秀资源。
网址：https://birds.cornell.edu

eBird
这是康奈尔大学鸟类学实验室的海量数据库，收录了世界各地的鸟类目击记录、声音和图像。你可以查找所在地区的 eBird 应用程序或网站。
网址：https://ebird.org

iNaturalist
这个网站是美国加利福尼亚州科学院和国家地理共同推出的。你可以通过它记录观察结果，并分享给其他博物学家。
网址：https://iNaturalist.org

美国奥杜邦协会
（National Audubon Society）
探索你附近的奥杜邦保护区。大多数项目都是围绕观鸟进行的。
网址：https://audubon.org

我曾多次惊讶地发现人类与鸟类的共通之处。

——戴维·西布利

一些书

关于鸟类和自然的精彩书籍数不胜数，且适合不同年龄段的人阅读。罗杰·托里·彼得森（Roger Tory Peterson）、肯·考夫曼（Kenn Kaufman）、斯科特·韦登索尔（Scott Weidensaul）、雷切尔·卡森（Rachel Carson）、诺亚·斯特赖克（Noah Strycker）、利安达·林恩·豪普特（Lyanda Lynn Haupt）和J. 德鲁·拉纳姆（J. Drew Lanham）的书，我都很推荐。

其他一些建议：

- 《鸟兄弟》（*Bird Brother*），罗德尼·斯托茨（Rodney Stotts）
- 《鸟类学》（*Birdology*）和其他鸟类书籍，西·蒙哥马利（Sy Montgomery）
- 《与鸟对话》（*Conversations with Birds*），普利扬卡·库马尔（Priyanka Kumar）
- 《走进鸟巢》（*Into the Nest*），劳拉·埃里克森（Laura Erickson）和玛丽·里德（Marie Read）
- 《鸟类的爱情生活》（*The Love Lives of Birds*），劳拉·埃里克森（Laura Erickson）
- 《做一只鸟是什么感觉》（*What It's Like to Be a Bird*）及其他书籍，戴维·艾伦·西布利（David Allen Sibley）

一些电影

《观鸟大年》（*The Big Year*）

2011年上映的一部轻喜剧，由史蒂夫·马丁（Steve Martin）、欧文·威尔逊（Owen Wilson）和杰克·布莱克（Jack Black）主演。他们饰演竞争激烈的观鸟者，角逐单年最高的鸟类目击次数。

《野鸟世界》（*The Life of Birds*）

一部由大卫·爱登堡（David Attenborough）解说的引人入胜的纪录片，该片记录了300多种鸟的生活。

《迁徙的鸟》（*Winged Migration*）

经过数百人共同拍摄了数年，这部2001年上映的电影记录了几种鸟类在世界各地迁徙的故事。

你的“鸟种清单”

时间	地点	鸟种

时间	地点	鸟种

时间	地点	鸟种

致谢

多年来，我一直和斯托雷的团队合作写书，尤其是我的编辑莉萨·希利（Lisa Hiley）和底波拉·巴尔穆特（Deborah Balmuth），过程令人愉快。现在，我的孙女黑兹尔和莉迪娅也开始和我一起分享观鸟的快乐。

就在我为本书写写画画时，相伴多年的丈夫去世了。我只有在想着鸟儿的生活，并与它们一起待在户外时，心里才能获得真正的安慰。

黑兹尔·莱斯利（Hazel Leslie），12 岁

莉迪娅·莱斯利（Lydia Leslie），8 岁